LZ 129 HINDENBURG

Barbara Waibel

LZ 129 HINDENBURG

Luxusliner der Lüfte

Herausgegeben vom Archiv der Luftschiffbau Zeppelin GmbH

SUTTON VERLAG

Impressum

Sutton Verlag GmbH
Hochheimer Straße 59
99094 Erfurt
http://www.suttonverlag.de

ISBN: 978-3-86680-585-9

Gestaltung und Herstellung: Markus Drapatz
Druck: Druckhaus Gera GmbH | Gera

INHALTSVERZEICHNIS

D-LZ129

VORWORT

Die meisten Menschen verbinden mit dem Luftschiff „Hindenburg" nur das Unglück im amerikanischen Lakehurst im Mai 1937. Die brennende „Hindenburg" gehört zu den bekanntesten Bildzeugnissen des 20. Jahrhunderts. Das dramatische Ereignis bietet bis heute reichlich Stoff für Romane und Filme. Der Umstand, dass das Luftschiff vor laufenden Kameras verbrannte, hat ebenso dazu beigetragen wie die ungeklärte Ursache des Brandes. Doch die Geschichte dieses Luftschiffes hat weit mehr zu bieten als ein Ende in Feuer und Rauch. Sie ist es wert, erzählt zu werden. Anhand zahlreicher Fotografien aus dem reichen Fundus des Archivs der Luftschiffbau Zeppelin GmbH Friedrichshafen wird die ganze Geschichte einer der faszinierendsten Konstruktionen der Technikgeschichte dargestellt.

LZ 129 „Hindenburg" war nicht nur das größte jemals gebaute Luftfahrzeug, es war zu seiner Zeit auch das schnellste und exklusivste Verkehrsmittel für eine Reise über den Atlantik. Zugleich erreichte der Starrluftschiffbau mit diesem Zeppelin-Luftschiff seinen Höhepunkt. Als die „Hindenburg" den Linienverkehr nach Süd- und Nordamerika aufnahm, hatte der langgehegte Traum vom Transatlantikverkehr mit Luftschiffen endlich die Dimensionen erreicht, die Voraussetzung für einen wirtschaftlichen Betrieb waren. Acht Jahre hatte es gedauert, bis nach LZ 127 „Graf Zeppelin" endlich wieder ein Luftschiff die Friedrichshafener Werft verlassen konnte. Dass sich der Bau des LZ 129 vor dem Hintergrund der Weltwirtschaftskrise abspielte, war einer der Gründe für die verzögerte Fertigstellung, ein anderer waren tiefgreifende technische Planänderungen.

Mit der Machtübernahme der Nationalsozialisten geriet das Luftschiff in den Sog der braunen Machthaber, die den einzigartigen Propagandawert der Luftgiganten erkannten. Sie sorgten für die Restfinanzierung des Baus von LZ 129 und sicherten sich zugleich Einfluss auf den Fahrbetrieb der Luftschiffe durch die Gründung einer neuen Luftreederei mit staatlicher Beteiligung. So wurde die „Hindenburg" 1936 für mehrere Propagandafahrten eingesetzt. Auch bei ihren Linienfahrten war es der nationalsozialistischen Regierung wichtig, der Welt das Symbol des „Dritten Reiches" auf den beeindruckend großen Heckfinnen des Luftschiffes zu präsentieren.

Mit Luftschiffen vom Typ „Hindenburg" plante Hugo Eckener, der berühmte Luftschiffkapitän und Vorstand des Zeppelin-Konzerns, schließlich den Aufbau eines Weltluftschiffverkehrs. Der Brand der „Hindenburg", die gescheiterten Verhandlungen mit den USA über Heliumlieferungen für ein neues Luftschiff und schließlich der Beginn des Zweiten Weltkrieges setzten diesen Träumen ein Ende. Die große Zeit der Zeppeline gehörte damit der Geschichte an. Dennoch übt diese Zeit bis heute eine ungebrochene Faszination aus. Dieser Faszination will das vorliegende Buch Rechnung tragen.

◀ *LZ 129 „Hindenburg" in Fahrt, März 1936.*

I.

AUF DEM WEG ZUM PASSAGIERLUFTSCHIFFVERKEHR

LZ 129 „Hindenburg“ war das 118. von insgesamt 119 Zeppelin-Luftschiffen. Als es am 4. März 1936 erstmals die Werfthalle in Friedrichshafen verließ, war eine neue Dimension des Starrluftschiffbaus erreicht.

Die Entwicklungsgeschichte der Luftgiganten begann bereits rund 40 Jahre früher, als LZ 1, das erste Luftschiff zeppelinscher Bauart, am 2. Juli 1900 erstmals zu einer Fahrt aufstieg.

Der Luftfahrtpionier Ferdinand Graf von Zeppelin (1838–1917).

◀ *Kinder beobachten den ersten Aufstieg eines Zeppelin-Luftschiffes in der Bucht von Manzell bei Friedrichshafen, 2. Juli 1900.*

Wie viele Ingenieure, Erfinder und technisch interessierte Laien des späten 19. Jahrhunderts, hatte sich auch Ferdinand Graf von Zeppelin, ein württembergischer Offizier und Diplomat, mit Luftschiffplänen beschäftigt. Schon 1874 skizzierte er erste Gedanken über ein Luftschiff. Konkret wurden diese Pläne ab 1890, nach seinem Ausscheiden aus dem Militärdienst. Das geplante Luftschiff unterschied sich von anderen Vorhaben dieser Zeit durch ein starres Aluminiumgerippe aus Ringen und Längsträgern, welches mit einer Stoffhülle überspannt war und im Inneren mehrere voneinander getrennte Zellen für das Traggas enthielt. Dieses Grundprinzip wurde vom ersten Luftschiff LZ 1 im Jahr 1900 bis zum letzten fertiggestellten Luftschiff LZ 130 im Jahr 1938 beibehalten.

Die meisten Zeppelin-Luftschiffe wurden für das deutsche Heer und die Marine gebaut. Neben dem militärischen Verwendungszweck dachte Graf Zeppelin aber bereits lange vor dem Bau seines ersten Luftschiffes auch an einen weltweiten Luftschiffverkehr mit Passagieren und Post. Schon 1910 führte die Delag, die erste Luftreederei der Welt, Passagierflüge durch. In einer mittschiffs am Kiel angebrachten Passagiergondel fanden 20 bis 24 Fahrgäste Platz. Sie saßen in Korbstühlen an großen Fenstern, die geöffnet werden konnten, und genossen kalte Speisen und Getränke, die von einem Steward an kleinen Tischen serviert wurden.

Die Delag führte zwar keinen planmäßigen Linienverkehr innerhalb Deutschlands durch, fand aber genügend zahlungskräftige Fahrgäste, die sich eine

Das Delag-Luftschiff LZ 10 „Schwaben" beim Ausbringen aus der Halle in Baden-Oos, 1911. Die Luftschiffhalle war im August 1910 fertiggestellt worden.

Vergnügungsfahrt über landschaftlich reizvolle Gegenden gerne etwas kosten ließen. In mehreren deutschen Großstädten entstanden Luftschiffhallen, die Ausgangs- und Zielpunkt solcher Fahrten waren. Die Delag-Schiffe beförderten in den vier Jahren bis zum Ausbruch des Ersten Weltkrieges die beachtliche Zahl von 34.028 Fahrgästen. Allerdings war dieser Delag-Fahrbetrieb vorwiegend eine Werbemaßnahme, um das deutsche Militär zum Kauf von Luftschiffen zu bewegen. Denn die Anfänge der Zeppelin-Luftschifffahrt waren von zahlreichen technischen Rückschlägen geprägt, die das gesamte Vorhaben immer wieder vor das Aus stellten und wenig geeignet waren, die Militärs von der Eignung der Starrluftschiffe des Grafen Zeppelin zu überzeugen.

Zwar hatte die Millionenspende nach dem Unglück von Echterdingen, bei dem Zeppelins viertes Luftschiff vor den Augen Tausender Schaulustiger verbrannte, ermöglicht, ein Unternehmen zu gründen und eine Werftanlage nach dem neuesten Stand der Technik in Friedrichshafen am Bodensee zu errichten, doch ohne Bauaufträge konnte die Luftschiffwerft nicht existieren. Die erfolgreichen Fahrten der Delag-Schiffe verfehlten hier ihre Wirkung nicht und in der spannungsgeladenen Atmosphäre im Vorfeld des Ersten Weltkrieges liefen die dringend benötigten Aufträge seitens der Militärbehörden endlich ein.

Der Höhepunkt des Einsatzes von Luftschiffen waren die Jahre während des Ersten Weltkrieges. Von den oben erwähnten 119 Zeppelin-Luftschiffen wurden allein 88 Schiffe im Zeitraum von 1914 bis 1918 gefertigt. Aber nicht nur Deutschland, sondern auch England, Frankreich, Italien, die USA und andere Länder bauten Luftschiffe für Kriegszwecke. Es waren meist Prall- oder Kielluftschiffe, die wegen ihrer geringeren Nutzlastkapazität und Reichweite hauptsächlich für Aufklärungsfahrten an der Küste und als Geleitschutz für Flottenverbände eingesetzt wurden. Für Angriffsfahrten kamen fast ausnahmslos Starrluftschiffe zum Einsatz, da sie aufgrund ihrer Bauweise viel größere

L 3/LZ 24 war bei Beginn des Ersten Weltkrieges das einzige Luftschiff der Marine. Es musste am 17. Februar 1915 bei der Rückkehr von einer Aufklärungsfahrt wegen Brennstoffmangels in Jütland an der dänischen Küste notlanden.

Das Marineluftschiff L 71/LZ 113 wurde im Oktober 1918 auf den Militärluftschiffhafen in Ahlhorn überführt und machte insgesamt noch acht Kriegsfahrten.

LZ 120 „Bodensee“ startbereit in der Werfthalle in Friedrichshafen, August 1919. Die „Bodensee“ musste 1921 an Italien abgegeben werden, wo sie als „Esperia“ bis 1928 noch einige Fahrten absolvierte.

Der Steward Heinrich Kubis bedient Passagiere in der Kabine der „Bodensee“, 1919.

Abmessungen erreichen konnten und eine deutlich höhere Nutzlast und Reichweite hatten als die anderen Systeme. So fuhren nur die deutschen Starrluftschiffe Bombenangriffe auf London, Paris und andere Städte. Die ständig wachsenden Ansprüche an Nutzlast, Geschwindigkeit, Steighöhe und Reichweite der Luftschiffe bewirkten in technischer Hinsicht einen unvergleichlichen Innovationsschub für das Starrluftschiff, das innerhalb dieser vier Jahre perfektioniert wurde. Die technischen Voraussetzungen für Langstreckenfahrten waren nun vorhanden. Einige Rekordfahrten während des Krieges hatten den praktischen Beweis geliefert und eine Nonstop-Fahrt eines Zeppelin-Luftschiffs nach New York war bereits für Frühjahr 1919 geplant, wurde von der deutschen Regierung jedoch nicht genehmigt.

Nach Kriegsende beabsichtigte die Luftschiffbau Zeppelin GmbH in Friedrichshafen, Großluftschiffe für den Transatlantikverkehr zu bauen. Die Errichtung eines weltweiten Luftverkehrs war damals das vorherrschende Thema in der Luftfahrtbranche. Um die Eroberung eines Marktanteils auf diesem Gebiet kämpften Flugzeug- wie Luftschiffhersteller in der ganzen Welt. Die Zeppelinwerft sah hier eine hervorragende Möglichkeit, ihren technischen Vorsprung auf dem Gebiet des Starrluftschiffbaus zu nutzen. Mehrere Entwürfe für Passagierluftschiffe waren bereits auf dem Reißbrett. Doch die Vorfinanzierung eines derartigen Großprojekts war von der Werft alleine nicht zu schultern. Sie benötigte staatliche Unterstützung.

Um öffentliches Interesse an einem Luftschiffverkehr zu wecken, beschloss die Zeppelinwerft in Friedrichshafen den Bau eines kleinen Schiffes, mit dem im August 1919, wieder unter der Flagge der Delag, erstmals ein fahrplanmäßiger Linienverkehr von Friedrichshafen nach Berlin eröffnet wurde. Dieses auf den Namen „Bodensee“ getaufte Schiff war ein kleines, schnelles Schiff mit optimaler Stromlinienform. Eine kombinierte Passagier- und Führergondel war unter dem Luftschiffkörper angebracht. Neben etwa 15 Besatzungsmitgliedern konnten 24 Fahrgäste sowie Post und Fracht befördert werden. Ein Steward servierte verschiedene kalte und heiße Getränke sowie kalte Speisen.

Die Fahrten, die im zweitägigen Rhythmus stattfanden, waren sehr beliebt und stets ausgebucht, und so baute man ein zweites Verkehrsluftschiff, LZ 121 „Nordstern", das für 30 Passagiere Platz bot. Das neue Schiff kam jedoch nicht mehr zum Einsatz. Am 10. Januar 1920 war der Versailler Vertrag in Kraft getreten, in dessen Folge die Alliierten nicht nur die Auslieferung der beiden Schiffe forderten, sondern vorübergehend ein völliges Bauverbot für Luftschiffe in Deutschland erließen und den Abriss der Friedrichshafener Werft verlangten. Damit sollte auch ein unliebsamer Konkurrent auf dem heftig umkämpften Markt des Zivilluftverkehrs ausgeschaltet werden.

Hugo Eckener, erfahrener Luftschiffführer, langjähriger Mitarbeiter des Grafen Zeppelin und inzwischen Vorstand des Zeppelin-Konzerns, gelang es jedoch, die amerikanische Marine für den Bau eines Luftschiffes als Reparationsleistung zu interessieren. In dieses Schiff, das die Baunummer LZ 126 erhielt, sollten sämtliche Innovationen einfließen, die auf dem Gebiet des Starrluftschiffbaus bislang erreicht worden waren. Zusätzlich entwickelten die Maybach-Werke einen neuen Motortyp. Durch den Bau des LZ 126 war die Existenz der Werft vorübergehend gesichert. Bedingung war jedoch, dass das Schiff an die USA abgegeben werden musste. Da niemand das Versicherungsrisiko tragen wollte, setzte Eckener alles auf eine Karte und verpfändete kurzerhand das gesamte Vermögen des Zeppelin-Konzerns.

Am 12. Oktober 1924 erfolgte der Aufstieg zur Überführungsfahrt in die USA unter der Führung von Hugo Eckener. Es war ein gewagtes Unternehmen, denn bislang hatte nur ein einziges Luftschiff, der englische R 34, den Atlantik überquert. Doch nach 81 Stunden hatte

Hugo Eckener (1868–1954).

Das sogenannte Reparationsluftschiff LZ 126 über Berlin bei einer Probefahrt, September 1924. LZ 126 absolvierte unter dem Namen „Los Angeles“ bis 1932 zahlreiche Fahrten für die US Navy und wurde 1940 abgewrackt.

LZ 126 seinen neuen Hafen in Lakehurst südlich von New York glücklich erreicht. Der Empfang in Amerika war überwältigend. Tausende hatten mit Spannung das Eintreffen des Luftschiffes erwartet und begrüßten es jetzt begeistert. Die Besatzung wurde in New York mit einer der berühmten Konfettiparaden gefeiert und vom amerikanischen Präsidenten empfangen. Diese Überführungsfahrt machte Eckener weltberühmt und weckte neues Interesse an den Luftschiffen als Verkehrsmittel.

Die Vereinbarung mit der amerikanischen Marine hatte bereits im Vorfeld des Baus von LZ 126 zur Gründung einer deutsch-amerikanischen Gesellschaft mit dem Namen Goodyear-Zeppelin Corporation geführt. Goodyear erhielt die Nordamerikarechte an den Zeppelin-Patenten, während Luftschiffbau Zeppelin die deutschen Rechte an allen amerikanischen Patenten von Goodyear sowie einen Anteil von zehn Prozent an der amerikanischen Firma erhielt. Unter der Leitung von Dr. Karl Arnstein, dem Chefstatiker der Zeppelinwerft, sollten zwölf der besten Ingenieure der Luftschiffbau Zeppelin GmbH in die USA übersiedeln und bei Goodyear Zeppelin in Akron/Ohio Starrluftschiffe konstruieren. 1928 erhielt das Unternehmen den Zuschlag für den Bau von zwei Großluftschiffen für die US-Navy, die späteren Marineluftschiffe „Akron“ und „Macon“.

In Friedrichshafen aber stand die Zeppelinwerft nach der Ablieferung des LZ 126 erneut vor der Frage, wie es nun weitergehen sollte. Eckener plante nach wie vor die Errichtung eines weltweiten Verkehrsnetzes mit Luftschiffen – ein Vorhaben, das damals durchaus Befürworter in der internationalen Luftfahrtwelt hatte. Denn Mitte der 1920er-Jahre hatte das Luftschiff gegenüber dem Flugzeug hinsichtlich Reichweite, Nutzlastkapazität und Komfort immer noch einen deutlichen Vorsprung.

Die Aussichten für Eckeners Pläne waren also nicht ungünstig und mit der erfolgreichen Überführung des LZ 126 war ein wichtiger Schritt auf diesem Weg getan. Doch die finanzielle Lage des Unternehmens machte den Bau eines neuen Luftschiffes unmöglich und auf eine Finanzierung durch den Staat war ebenfalls nicht zu hoffen. In dieser Situation initiierte Hugo Eckener in Anlehnung an die Spende von Echterdingen im Jahr 1908 die sogenannte Zeppelin-Eckener-Spende. Auf monatelangen Vortragsreisen quer durch Deutschland

US-Navy-Luftschiff ZRS 4 „Akron“ bei der Ausfahrt aus der Luftschiffhalle in Akron/Ohio, 1931. Mit 240 Metern Länge und 40,5 Metern Maximaldurchmesser war es nur wenig kleiner als die spätere „Hindenburg“.

Das amerikanische Marineluftschiff ZRS 5 „Macon“ in der Halle in Moffett Field, Sunnyvale/Kalifornien, um 1933. Die „Macon“ wurde als fliegender Flugzeugträger für die Fernaufklärung verwendet.

Das Luftschiff LZ 127 „Graf Zeppelin" im Bau, um 1927. Das Gerippe ist bis auf Bug- und Heckkappe bereits fertiggestellt.

sammelten die Besatzungsmitglieder der Überführungsfahrt Spendengelder für ein neues Luftschiff. Auf diese Weise kamen rund 2,2 Millionen Reichsmark zusammen. Zu diesem Betrag steuerte die Reichsregierung weitere zwei Millionen Reichsmark bei, und nachdem 1926 auch die Beschränkungen des Versailler Vertrages aufgehoben wurden, konnte endlich mit dem Bau von LZ 127 begonnen werden.

Allerdings reichten die Gelder nicht aus, um auch den Bau einer neuen Halle zu finanzieren. Denn für einen wirtschaftlichen Luftschiffverkehr hätte man ein weit größeres Luftschiff als den LZ 127 und folglich auch eine größere Werfthalle benötigt. So war man auf die Abmessungen der größten Bauhalle der Friedrichshafener Werft beschränkt, die lediglich ein Schiff mit einem Gasvolumen von 105.000 Kubikmetern für 20 Passagiere zuließ. LZ 127 konnte deshalb letztlich nicht mehr sein als ein Demonstrations- und Versuchsluftschiff, mit dem weltweit für einen Luftschiffverkehr geworben und die prinzipielle Eignung von Starrluftschiffen für den Transatlantikverkehr unter Beweis gestellt werden sollte.

Am 8. Juli 1928, dem 90. Geburtstag des 1917 verstorbenen Grafen von Zeppelin, taufte dessen Tochter Hella von Brandenstein-Zeppelin das Luftschiff LZ 127 auf den Namen „Graf Zeppelin". Zwei Monate später stieg es zu seiner ersten Probefahrt auf. Es sollte das erfolgreichste und berühmteste Luftschiff werden, das je gebaut wurde. Insgesamt absolvierte LZ 127 „Graf Zeppelin" 590 Fahrten mit nahezu 1,7 Millionen Kilometern, darunter eine Reihe von außergewöhnlichen Unternehmungen wie die Weltrundfahrt im August 1929, eine Forschungsfahrt in die Arktis im Juli 1931 und zwei sogenannte Dreiecksfahrten nach Süd- und Nordamerika, ganz zu schweigen von den eindrucksvollen Ausflugsfahrten ins benachbarte Ausland. Im Sommer 1931 wurde mit LZ 127 der erste regelmäßige Luftverkehr von Deutschland nach Brasilien mit Passagieren, Post und Fracht eröffnet.

LZ 127 „Graf Zeppelin" am Ankermast in Recife, Pernambuco. Ab 1931 fuhr LZ 127 regelmäßig nach Brasilien mit Passagieren, Post und Fracht. Zunächst führte die Linie nur bis Recife in Nordbrasilien, später erweiterte man die Strecke bis Rio de Janeiro, wo 1935 eine Luftschiffhalle gebaut wurde, die auch das wesentlich größere Luftschiff „Hindenburg" aufnehmen konnte.

Da die Transportkapazität von LZ 127 „Graf Zeppelin" begrenzt und ein wirtschaftlicher Verkehr mit nur einem Fahrzeug nicht möglich war, begannen schon bald nach den ersten erfolgreichen Fahrten die Planungen für ein neues Luftschiff, das die Baunummer LZ 128 erhielt. Mit einem Gesamtvolumen von 155.000 Kubikmetern, einem Drittel mehr als LZ 127, sollte es erstens mehr Passagiere transportieren und zweitens entsprechenden Komfort bieten. Um mehr Platz für die Fahrgasträume zu gewinnen, sollten diese ins Innere des Luftschiffes verlegt werden. Wie seine Vorgänger war es für eine Füllung mit Wasserstoffgas vorgesehen.

Nach der beeindruckenden Leistung der Weltrundfahrt hatte Eckener weitere finanzielle Unterstützung von staatlicher Seite für den Bau von zwei neuen Hallen in Friedrichshafen erhalten. Außerdem war es zu Verhandlungen über die Gründung einer deutsch-amerikanischen Zeppelin-Verkehrsgesellschaft gekommen. Diese plante einen regelmäßigen Luftschiffverkehr zwischen Europa und Nordamerika mit vier Luftschiffen durchzuführen, wobei zwei in den USA von der Goodyear-Zeppelin Corporation und zwei in der Friedrichshafener Zeppelinwerft gebaut werden sollten. Die Finanzierung der deutschen Luftschiffe sollten die Luft-

Das englische Verkehrsluftschiff R 100 am Hochmast in St. Hubert bei Montreal/ Kanada, 1930.

schiffbau Zeppelin GmbH und eine deutsche Investorengruppe übernehmen, die aus Banken, Industrie und Schifffahrtsfirmen bestand.

Die Verkehrsverbindung nach Nordamerika war wirtschaftlich besonders interessant, da sie steigende Passagierzahlen zu verzeichnen hatte und insbesondere die zahlungskräftige Klientel der 1. Klasse sich die schnelle und komfortable Überfahrt mit prestigeträchtigen Luxuslinern wie der „Mauretania“ oder der „Bremen“ etwas kosten ließ. Gerade auf diese Passagiere zielte Eckener mit seinem neuen Luftschiff ab.

Zur selben Zeit verfolgten auch die Briten Pläne für den Aufbau eines Luftschifffernverkehrs. Sie planten eine Verkehrsverbindung mit Ländern des Britischen Empire, wie Kanada, Ägypten, Südafrika, Indien und Australien. Für dieses Ziel gab die britische Regierung 1924 zwei Starrluftschiffe mit ähnlichen Abmessungen wie LZ 128 in Auftrag. Diese beiden englischen Luftschiffe R 100 und R 101 stiegen Ende 1929 zu ihren ersten Fahrten auf. Für die Luftschiffbau Zeppelin GmbH in Friedrichshafen war hier ein ernstzunehmender Konkurrent entstanden.

R 100 hatte bei einer Länge von 216 Metern und einem Durchmesser von 40,5 Metern ein Gesamtvolumen von 141.500 Kubikmetern. Sechs Zwölf-Zylinder-Motoren verliehen dem Schiff eine Geschwindigkeit von 130 Kilometern pro Stunde. Das Großluftschiff bot Platz für 100 Passagiere, 50 Mann Besatzung, Gepäck, Post und Fracht. Die Fahrgasträume waren erstmals bei einem Luftschiff in das Innere des Luftschiffkörpers verlegt und erstreckten sich zusammen mit den Mannschaftsunterkünften über drei Stockwerke. Große Panoramafenster gestatteten zu beiden Seiten einen herrlichen Ausblick. Ein luxuriöser Speiseraum im Mitteldeck reichte über zwei Stockwerke und war von einer umlaufenden Galerie umgeben.

Das Luftschiff stellte seine Tauglichkeit mit einer Langstreckenfahrt nach Kanada im Sommer 1930 unter Beweis. Am 29. Juli überquerte es in rund 79 Stunden den Nordatlantik. Nach der Landung in der Nähe von Montreal unternahm es mit kanadischen Ehrengästen eine Rundfahrt über Ottawa, die Niagarafälle, Toronto und Kingston. Die Rückfahrt nach England wurde am 14. August angetreten und in 57 ½ Stunden bewältigt.

Weniger erfolgreich zeigte sich R 101, der in der Staatswerft Royal Airship Work in Cardington gebaut wurde und zum ersten Mal am 14. Oktober 1929 aufstieg. Zahlreiche Änderungen der Konstruktionspläne und eine Reihe von technischen Neuerungen mussten auf Wunsch der Behörden vorgenommen werden. Das Hauptproblem des Luftschiffes war jedoch sein zu hohes Gewicht. Dieses Problem sollte durch eine Verlängerung des Luftschiffes und den Einbau einer weiteren Gaszelle behoben werden. Um Gewicht zu sparen, entfernte man die Seilnetze, die die Gaszellen in Position hielten – eine

Das englische Verkehrsluftschiff R 101 am Hochmast in Cardington, 1930.

folgenschwere Veränderung, wie die Probefahrt am 1. Oktober 1930 zeigen sollte: Da die Ringe unverspannt waren, konnten sich die empfindlichen Gaszellen so frei bewegen, dass sie sich an den Trägern aufscheuerten. Der dadurch entstehende Gasverlust verschlechterte die Stabilität und folglich die Steuerbarkeit des Schiffes erheblich. Das Problem verstärkte sich noch dadurch, dass sich die Überdruckventile bei einer Neigung von drei Grad selbsttätig öffneten, sodass das Schiff heftig schlingerte und ständig Gas und damit Auftrieb verlor.

Trotzdem trat R 101 wenige Tage später, am Abend des 4. Oktober 1930, eine Fahrt nach Ägypten und Indien mit 54 Personen an Bord an. Der englische Luftfahrtminister Lord Thomson wollte aus politischen und persönlichen Gründen seine für den 13. Oktober angekündigte Ankunft in Indien nicht mehr verschieben. Die Fahrt endete schon wenige Stunden nach dem Aufstieg in einem Inferno. Das immer schwerer werdende Schiff kollidierte bei Beauvais mit einem Hügel und ging in Flammen auf. Nur sechs Personen überlebten die Katastrophe, alle anderen – darunter Lord Thomson – kamen ums Leben. Dieses Unglück beendete die Geschichte der englischen Luftschifffahrt. Auch der fahrtaugliche R 100 stieg nie wieder auf. Er wurde entleert und abgewrackt. Damit gab es weltweit nur noch zwei Nationen, die Starrluftschiffe bauten: die USA, wo Starrluftschiffe für militärische Zwecke in der Marine eingesetzt werden sollten, und Deutschland, wo mit dem Bau der beiden großen Hallen in Friedrichshafen und dem LZ-128-Projekt die ersten Schritte für eine zivile Verwendung von Luftschiffen im Interkontinentalverkehr unternommen wurden.

II.

FINANZIERUNG UND BAU DER „HINDENBURG“

Nach dem R-101-Unglück waren wasserstoffgefüllte Passagierluftschiffe heftig in die öffentliche Kritik geraten. Deshalb fasste man in Friedrichshafen im November 1930 den Entschluss, das ebenfalls als Wasserstoffluftschiff ausgelegte LZ-128-Projekt abzubrechen und stattdessen unter der Baunummer LZ 129 einen neuen Entwurf für ein Luftschiff mit unbrennbarem Helium und Dieselmotoren anzufertigen. Helium war jedoch

Auf diesem Bild ist ein Versuch mit einer Probezelle zu sehen. Es handelt sich hierbei vermutlich um die Erprobung einer Wasserstoff-Kernzelle der kombinierten Gasanlage für Wasserstoff- und Heliumfüllung.

◀ *Das Luftschiffgerippe von LZ 129 im April 1934. Blick in die Bugspitze.*

nicht nur teurer als Wasserstoff, sondern hat auch eine geringere Tragkraft. Diese Nachteile sollten wenigstens teilweise durch eine neuartige Gasanlage kompensiert werden. Vorgesehen war eine Kombination von Wasserstoff- und Heliumzellen, wobei letztere die Wasserstoffzellen wie ein Mantel vollständig umschließen sollten. Diese Auslegung des Schiffes hatte eine Vergrößerung des Volumens von 155.000 auf 190.000 Kubikmeter zur Folge.

Schwierig war allerdings die Frage der Heliumlieferung. Denn das einzige Land, das damals in ausreichender Menge über das Edelgas verfügte, waren die USA. Da die US-Navy jedoch selbst Großluftschiffe betrieb, benötigte sie das Helium für ihre eigenen Zwecke. Ein Gesetz von 1927 verbot die Ausfuhr von Helium, Eckeners Anfrage wurde daher abschlägig beschieden. Zudem barg auch die kombinierte Gasanlage des LZ-129-Projektes nach wie vor die Gefahren eines Wasserstoff-Luftschiffes in sich. Angesichts der erfolgreichen Fahrten des LZ 127 „Graf Zeppelin" verblassten diese nun allmählich wieder. Und so wurde LZ 129 am Ende doch ausschließlich mit Wasserstoff gefüllt.

Neben diesen konstruktiven Veränderungen waren es vor allem Probleme mit der Finanzierung, die die Fertigstellung des LZ 129 immer wieder verzögerten. Die Weltwirtschaftskrise, die 1931 ihren Höhepunkt erreichte, führte dazu, dass die Investoren für einen transatlantischen Luftschiffverkehr sowohl in Deutschland als auch in Amerika absprangen.

Möglicherweise stand der Verkauf der Firma Dornier Metallbauten, ein Tochterunternehmen der Luftschiffbau Zeppelin GmbH, im Februar 1932 in Zusammenhang mit der Finanzierungsfrage. Aus dem Firmenverkauf an Claude Dornier erzielte die Luftschiffbau Zeppelin GmbH 825.000 Reichsmark. Endgültig gesichert war die Finanzierung des Luftschiff-

Nietarbeiten im Kiellaufgang.

Ein Arbeiter ist an einem Hauptringeck mit Nietarbeiten beschäftigt. Die Ringe des LZ 129 hatten die Form eines 36-Ecks. Gut zu erkennen sind die Erleichterungslöcher der Streben, die aus Gründen der Gewichtsersparnis ausgestanzt wurden.

Das Gerippe in einem frühen Baustadium. Ein Hauptring und zwei Hilfsringe hängen und sind mit Längsträgern verbunden. Ein weiterer Hauptring wurde soeben aufgerichtet und ist noch mit dem Montagering verbunden. Weitere Ringe werden auf dem Hallenboden zusammengesetzt.

neubaus aber erst, als die Zeppelinwerft Ende 1933 ein unverzinsliches Darlehen in Höhe von drei Millionen Reichsmark vom Reichsluftfahrtministerium erhielt. Die Gewährung des Darlehens war jedoch mit der Bedingung verbunden, eine neue Reederei unter Beteiligung des Reiches zu gründen. Diese Gründung wurde am 22. März 1935 unter dem Namen Deutsche Zeppelin Reederei GmbH vollzogen. Das Reichsluftfahrtministerium beteiligte sich mit rund einem Drittel (3,45 Mio. RM). Die anderen Anteile entfielen auf die Luftschiffbau Zeppelin GmbH (5,7 Mio. RM) und die Lufthansa (400.000 RM).

Ein Motiv für die Beteiligung des Reiches an der DZR war sicherlich das Bestreben der nationalsozialistischen Regierung, Einfluss auf den Fahrtbetrieb zu erlangen, um die Zeppeline öffentlichkeitswirksam für

Einer der letzten Bugringe wird aufgerichtet. Am Schiffsgerippe gut zu erkennen ist die radial verlaufende Stahlseilverspannung eines Hauptringes.

Anbringen der Netzverspannung aus Ramieschnur. ▶

Ein Hilfsring wird gerade vor den Rumpf gesetzt. Ein Arbeiter des Montagetrupps steigt an einer Strickleiter auf den First des Schiffes herab. Vor der Halle beobachten Schaulustige den eindrucksvollen Vorgang.

ihre Propagandazwecke zu nutzen. Dazu war es jedoch nötig, den Einfluss des kosmopolitischen und unbequemen Hugo Eckener einzuschränken. Nachdem bisher sowohl der Luftschiffbau als auch der Fahrtbetrieb in den Händen von Eckener gelegen hatte, wurde nun beides getrennt und der Fahrtbetrieb nach Frankfurt am Main verlegt, wo auch der Firmensitz der DZR war. Zum Vorstand der DZR wurde Eckeners langjähriger Mitarbeiter Luftschiffkapitän Ernst A. Lehmann ernannt, während Eckener lediglich das Amt des Aufsichtsratsvorsitzenden erhielt. Eckener hatte keine andere Wahl, als diese Bedingungen zu akzeptieren, wenn er nicht seine gesamten Pläne von einem weltweiten Passagierluftschiffverkehr so kurz vor dem Ziel aufgeben wollte.

Mit Gründung der Deutschen Zeppelin Reederei bekam die deutsche Luftschifffahrt neuen Auftrieb: LZ 129 wurde unter hohem Zeitdruck bis Anfang März 1936 fertiggestellt. Mit dessen Indienststellung konnte

nun endlich auch die finanziell attraktive Nordatlantikstrecke bedient werden. Zwei weitere Luftschiffe vom Typ „Hindenburg“ wurden in Auftrag gegeben und in Frankfurt am Main entstand ein zentraler Flug- und Luftschiffhafen mit mehreren Luftschiffhallen.

Beim Bau des LZ 129, der im Januar 1931 begann, betraten die Konstrukteure der Zeppelinwerft in vielerlei Hinsicht Neuland, denn die deutlich höheren Abmessungen des Schiffes machten eine Reihe von Änderungen insbesondere bei der Gerippekonstruktion nötig. Oberstes Prinzip beim Starrluftschiffbau war es, eine hohe Tragkraft und zugleich ein möglichst geringes Eigengewicht zu erzielen, wobei das Schiffsgerippe äußerst belastbar sein musste. Das Grundschema der Zeppelin-Luftschiffe, ein stromlinienförmiger Hohlkörper aus verspannten Haupt- und unverspannten Hilfsringen, die durch Längsträger verbunden waren, wurde beim Bau des LZ 129 ebenso

Der Bauzustand des Gerippes im August 1933. Gut zu erkennen ist der sogenannte Achssteg, der sich in der Drehachse des Schiffes längs durch das Schiff zog. Er diente zur Stabilisierung der radialen Verspannung der Hauptringe und als Kontrollgang zur Überwachung der Gaszellen. ▶

Ein Arbeiter des Hochmontagetrupps auf einem Längsträger im Firstbereich des Gerippes. Diese Arbeit erforderte absolute Schwindelfreiheit.

beibehalten wie der Dreiecksträger aus Duralumin als Grundbauelement. Allerdings wurde eine neue Trägervariante mit omegaförmigen Gurtprofilen und Streben mit ausgestanzten und gebördelten Erleichterungslöchern entwickelt. Wegen der höheren Beanspruchung wurde zudem die Verwendung von stärkerem Material notwendig, was anfangs Probleme beim Walzen der Profile verursachte. Die Stabilität und Belastbarkeit des neuen Trägers wurde durch eingehende statische Versuche an einem Probering getestet. Auch

Blick in den unteren Laufgang, der den Schiffskiel vom Bug bis zum Heckkreuz durchzog. Er war der Hauptverkehrsweg zwischen den einzelnen Schiffsbereichen.

bei der Produktion der zahllosen Einzelteile wie Streben, Laschen und Profilgurte achteten die Ingenieure peinlich genau auf das Gewicht. Sämtliche Einzelteile wurden noch einmal gewogen, um die Einhaltung des Gesamtgewichts zu gewährleisten.

Zur selben Zeit wurden auch die Passagierräume geplant, die erstmals bei einem Zeppelin-Luftschiff im Inneren des Schiffskörpers lagen. Durch den Bau einer Probekabine ermittelte man eine Raumausstattung mit maximalem Komfort bei minimalem Gewicht. Den Auftrag zur Gestaltung der Räume erhielt der Innenarchitekt Fritz August Breuhaus. Er war Direktor der Contempora, der Höheren Grafischen Fachschule der Stadt

Blick in einen Seitenlaufgang. Vom Kiellaufgang aus führten Seitenlaufgänge zu den vier Motorgondeln an der Außenseite des Luftschiffes.

Berlin, und hatte bereits Erfahrung mit der Ausstattung von Überseedampfern, Flugzeugen und Eisenbahnwaggons. Hier stellte sich ihm jedoch eine Aufgabe, für die es bislang kein Vorbild gab. Es war gefordert, auf alles irgendwie Entbehrliche und Vermeidbare zu verzichten und eine vollkommen neue Form von möglichst leichten und zugleich möglichst stabilen und hochwertig ausgeführten Möbeln, Wandverkleidungen und Bodenbelägen zu finden. Die Lösung bestand in der Verwendung von Leichtmetallmöbeln und einer Gestaltung im Bauhausstil, der die Funktionalität zum Prinzip erhebt.

Der eigentliche Schiffsbau begann im Januar 1932 mit der Herstellung der Ring- und Längsträger. Die

Einbau der Passagierdecks. Blick durch das nahezu fertige Schiffsgerippe Richtung Heck. Am oberen Bildrand ist der Achssteg zu sehen.

Die Fahrgasträume des A-Decks im Bau mit Blick Richtung Bug. Gut zu erkennen sind die Lüftungsanlage und einige Mannschaftskojen. Die Hülle ist teilweise schon aufgelegt.

fertigen Trägerteile kamen dann in die Ringmontage. Wegen der riesigen Abmessungen der Ringe, die einen Durchmesser von bis zu 40 Metern hatten, war es erforderlich, sie auf dem Hallenboden zusammenzunieten. Um die fragilen Ringe aufzurichten, mussten sie mit einem besonders verstärkten Montagering verbunden werden. Dann wurden die Ringe in genau bestimmten Abständen vom Hallendach abgehängt und durch Längsträger miteinander verbunden. Die 16 Hauptringe waren zusätzlich durch rautenförmige Sprengwerke verstärkt und mit Stahlseilen verspannt. Zwischen zwei

Das Schiffsgerippe noch ohne Bugkappe. Im Vordergrund eine höhenverstellbare Arbeitsbühne und eine Feuerwehrleiter. Feuerwehrleitern waren ideale Hilfsmittel für die Montage und das Streichen der unteren Schiffshälfte.

Hauptringen befanden sich jeweils zwei Hilfsringe, die unverspannt waren. Auf diese Weise entstanden 16 Abteile, die später die Gaszellen begrenzten. Auch die einzelnen Felder zwischen Ringsegmenten und Längsträgern wurden mit Stahlseilen verspannt und mit einem Netz aus Ramieschnur versehen, das die Aufgabe hatte, den Druck der Gaszellen aufzufangen. Auf diese Weise entstand allmählich der Schiffskörper. Im September 1932 waren bereits ein Hauptring und ein Hilfsring fertiggestellt, an der Hallendecke aufgehängt und miteinander verbunden. Weitere Ringe waren in

Schwerarbeit Leichtbau. Manche Nietarbeiten erforderten die Kraft von zwei Männern. Die Nietzangen, die es für jeden Einsatzzweck in den verschiedensten Formen und Größen gab, waren Eigenanfertigungen der werfteigenen Werkzeugmacherei.

Leichtbauweise in höchster Vollendung. ▶

Die fertige Bugspitze steht bereit zum Anbau an das Schiffsgerippe.

Arbeit. Rund eineinhalb Jahre später, zum Jahreswechsel 1933/34, war das Gerippe mit Ausnahme des Heckbereichs fertiggestellt.

Die Gerippemontage war Aufgabe eines Hochmontagetrupps, der aus schwindelfreien Männern bestehen musste. Das gesamte Schiffsgerippe wurde in Handarbeit zusammengenietet. Alles in allem sollen rund fünf Millionen Niete in der „Hindenburg" verbaut worden sein, die genaue Zahl kennt allerdings niemand.

Sobald es der Baufortschritt des Gerippes zuließ, wurde mit dem Innenausbau begonnen. Dabei baute man die Laufgänge, die Gasabzugsschächte sowie sämtliche Räume für Fahrgäste und Mannschaft ein und stattete sie mit Installationen und Mobiliar aus. Bugspitze und Heckkappe wurden separat montiert und als komplette Bauteile an das Gerippe angefügt, ebenso die Führergondel und die Motorgondeln, die an der Unter-

◀ *Montage des Leitwerkskreuzes.*

Blick auf das anmontierte Heckkreuz. Gut zu erkennen ist die Gerippestruktur der vier Leitwerksflächen (oben). Die Heckkappe im Bau (unten).

seite des Schiffsbugs bzw. an den Seiten des Schiffskörpers angebracht waren. Zuletzt wurden die Heckfinnen und Ruder angebaut.

Parallel dazu begannen die Hüllenmacher mit dem Anfertigen und Auflegen der Außenhaut, die aus unterschiedlich starkem Baumwoll- und Leinenstoff bestand. Wie der Gerippebau war auch die Hüllenmacherei Handarbeit. Zunächst wurden die mehrere Meter großen Stoffbahnen auf handelsüblichen Nähmaschinen umsäumt und an allen vier Kanten mit eingestanzten Metallösen versehen, an denen die Außenhaut mit dem Schiffsgerippe verschnürt wurde. Die Hüllenmacher übernahmen auch das Auflegen der einzelnen Hüllenbahnen und das Verschnüren derselben mit dem Gerippe. Danach strichen sie die Außenhaut mehrmals mit Cellon, einem Spannlack. Dieser Lack hatte den Zweck, die Stoffbahnen zu straffen, damit

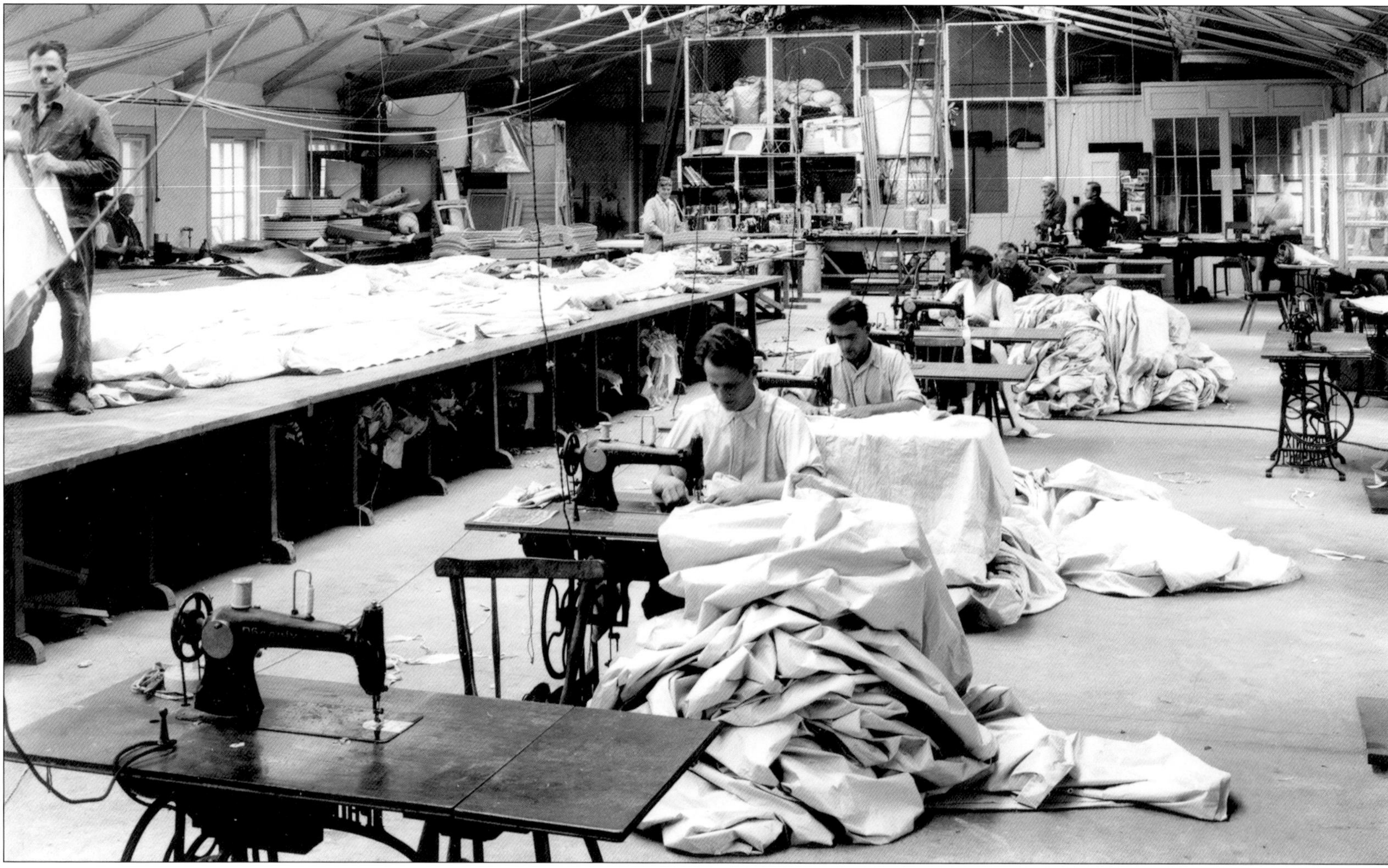

Blick in die Schneiderei. Der große Tisch links diente zum Zuschneiden der 15 Meter breiten Hüllenbahnen. Rechts sind Arbeiter mit dem Säumen der Kanten beschäftigt.

die Bespannung beim späteren Fahrtbetrieb möglichst wenig flatterte. Den Anstrichen wurde Aluminiumpulver beigesetzt, sodass die typische silberfarbene Oberfläche entstand. Das war allerdings nur ein ästhetischer Nebeneffekt. Der eigentliche Zweck des Aluminiumpulvers bestand darin, eine gut reflektierende, lichtundurchlässige Hülle zu erhalten, um das Traggas gegen Erwärmung sowie Zellen und Außenhaut gegen die schädigende Wirkung der ultravioletten Strahlen zu schützen.

Auflegen der Hülle. Die Stöße zwischen den Bahnen wurden mit schmalen Stoffstreifen überklebt.

Streichen der Außenhülle auf der Backbordseite. Im Vordergrund erkennt man die Fenster des oberen Fahrgastdecks.

Im letzten Arbeitsschritt wurden dann die Gaszellen eingelegt und gefüllt, ein Vorgang, der mehrere Tage in Anspruch nahm. Aufgrund von verschiedenen Änderungswünschen der DZR-Bauaufsicht sowie einiger technischer Probleme zu einem sehr späten Zeitpunkt des Schiffsbaus verschob sich der Fertigstellungstermin bis ins Frühjahr 1936. Doch am 4. März 1936 war das neue Luftschiff nach rund acht Jahren Planungs- und Bauzeit endlich bereit für seine erste Probefahrt.

Streichen der Außenhülle im Heckbereich. Auf den bereits gestrichenen Feldern zeichnen sich diagonal verlaufende Stoffbänder ab. Sie sollten bei einer Beschädigung der Hülle ein Weiterreißen verhindern.

Blick auf die noch unbespannte Kielflosse. Das Leitwerk bestand aus vier Flossen, die im Heckbereich kreuzförmig auf drei Hauptringe aufgebaut wurden. Gut zu sehen sind die Ansatzpunkte für die Ruderfläche.

Die Führergondel im Bau. Sie war im Bugteil des Schiffes unterhalb des Kielgerüstes angebaut und hatte einen stromlinienförmigen Grundriss.

Die hintere Backbord-Motorgondel im Bau. Der Motor ist bereits eingebaut. Im Schiffsgerippe oberhalb der Gondel sieht man Treibstofftanks.

Links: Füllen einer Gaszelle. Im oberen Bereich zeichnet sich bereits die Ringverspannung ab. Rechts oben: Einbringen einer Gaszelle. Der Achssteg musste abschnittweise durch eine schlauchförmige Öffnung durch die Gaszelle geführt werden. Rechts unten: Eine fast vollgefüllte Gaszelle, die zu Probezwecken eingebaut wurde. Gut zu sehen ist ihre Lage zwischen zwei Hauptringen.

Blick auf die gefüllte Probezelle. Gut zu erkennen sind der horizontal verlaufende Achssteg und ein vertikal verlaufender Gasabzugsschacht, durch den abgelassenes Gas nach oben steigen und über eine Öffnung im First abziehen konnte. ▶

III.

EIN RUNDGANG DURCH DIE „HINDENBURG“

Als LZ 129 „Hindenburg“ am 4. März 1936 erstmals die Werfthalle in Friedrichshafen verließ und zu seiner ersten Probefahrt aufstieg, sah sich Hugo Eckener, der unermüdliche Kämpfer für einen transatlantischen Luftschiffverkehr, am Ziel seiner Träume. Endlich stand ihm ein Luftschiff zur Verfügung, das den Anforderungen an Komfort und Größe entsprach, um die Luftschifffahrten nach Südamerika wirtschaftlich gestalten und die Nordamerikalinie planmäßig bedienen zu können.

Die Dimensionen des neuen Luftschiffs waren gewaltig. Bei einer Länge von 245 Metern und einem größten Durchmesser von 41,2 Metern ist die „Hindenburg“ zusammen mit dem später gebauten Schwesterschiff LZ 130 bis heute das größte Luftfahrzeug der Welt. Mit 200.000 Kubikmetern maximalem Gasfassungsvermögen hatte das neue Luftschiff fast das doppelte Volumen seines Vorgängers LZ 127 „Graf Zeppelin“. LZ 129 war ein Prototyp für eine neue Klasse von Verkehrsluftschiffen für Passagiere, Post und Fracht. Es war hauptsächlich für den Nordatlantikverkehr vorgesehen und verfügte für diese zwei- bis dreitägigen Reisen über 50 Bettplätze für Fahrgäste und 52 für Besatzungsmitglieder. Später wurde die Zahl der Betten durch den Einbau von weiteren Kabinen auf 72 erhöht. Bei Tagesfahrten waren 100 Passagiere zugelassen. Post, Fracht und Gepäck konnten im Gesamtgewicht von elf Tonnen geladen werden. Das

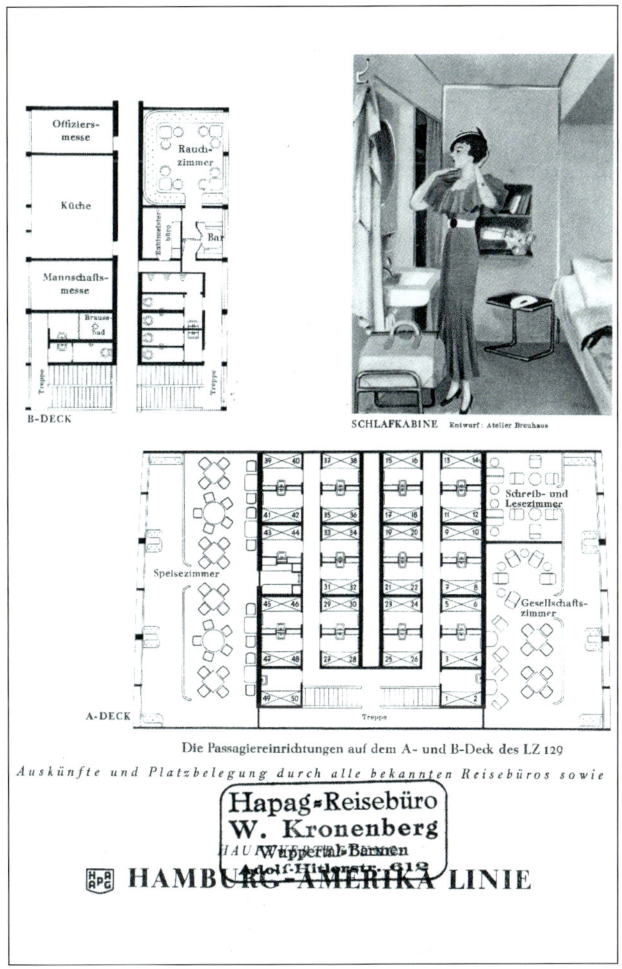

Übersichtsplan der Fahrgasträume aus einem Werbeprospekt der Hapag.

◀ *LZ 129 „Hindenburg“ bei der Ausfahrt aus der Werfthalle in Friedrichhafen, März 1936.*

Passagiere beim Einsteigen in die „Hindenburg“ über das Fallreep.

Der Flur im B-Deck. Am Ende des Ganges führte eine Tür in die Bar.

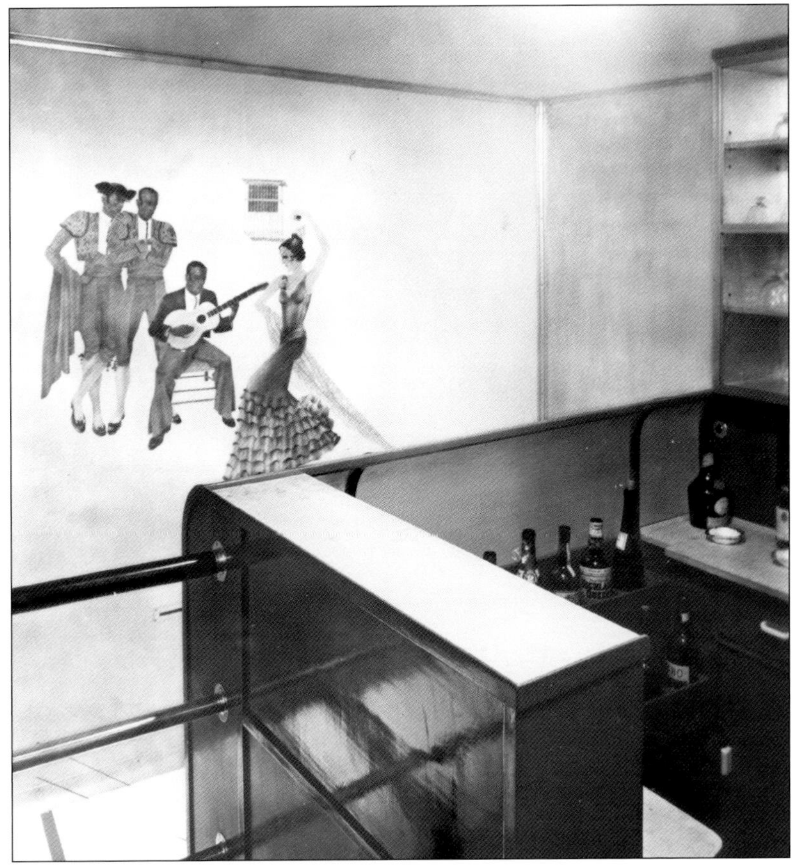

Blick in die Bar. Links eines der Wandgemälde von Otto Arpke.

Schiff selbst wog leer 118 Tonnen. Das Dienstgewicht, also das Gewicht des voll beladenen Schiffes, betrug rund 220 Tonnen, konnte aber je nach Start- und Landeort größer oder kleiner sein. Als Antrieb dienten vier Dieselmotoren des Typs Daimler-Benz LOF 6, mit denen das Schiff eine Höchstgeschwindigkeit von 140 Kilometern pro Stunde erzielen konnte.

Neu war die Trennung von Passagier- und Führergondel. Während letztere sich wie bisher im Bugbereich an der Unterseite des Luftschiffes befand, wurden die Fahrgasträume nach dem Vorbild der englischen Verkehrsluftschiffe R 100 und R 101 ins Innere des Schiffskörpers verlegt. Das bot die Möglichkeit, die Passagierräume wesentlich komfortabler und großzügiger zu gestalten als beim bisherigen Passagierschiff „Graf Zeppelin". Der Fahrgastbereich der „Hindenburg" erstreckte sich auf rund 400 Quadratmetern über zwei Stockwerke. Aus Gründen der Gewichtsersparnis war bei der Innengestaltung auf alles Entbehrliche verzichtet worden. Auf diese Weise hatte die „Hindenburg" ein modernes Design im Bauhausstil erhalten. Auf dem oberen A-Deck lagen 25 Doppelkabinen, ein Gesell-

Passagiere beim Kartenspielen im Rauchsalon. Obersteward Heinrich Kubis bietet einem Fahrgast Zigarren an.

schaftsraum, ein Schreib- und Lesezimmer und ein Speisesaal. Im dem unteren B-Deck waren eine Bar und ein Rauchsalon untergebracht. An den Promenadengängen zu beiden Seiten des Luftschiffes ermöglichten große Fenster einen herrlichen Ausblick auf die unten vorüberziehende Landschaft und das Meer. Mehrere Köche und ein Konditor sorgten für das leibliche Wohl der Fahrgäste in der bestens ausgestatteten elektrischen Küche. Es war im wahrsten Sinne des Wortes ein fliegendes Hotel.

Der Zugang zu den Passagierdecks erfolgte über zwei sogenannte Fallreeps, aus dem Schiffsbauch ausklappbare Treppen, die auf das untere Deck führten. Auf der Steuerbordseite führte ein Gang, der durch Bodenfenster Tageslicht erhielt, vorbei an den Toiletten auf eine Drehtür zu. Durch diese betrat man eine kleine

Der Barsteward beim Cocktailmixen. Ein Fahrgast studiert die Getränkekarte.

Bar, die mit einem Wandregal für Gläser und Flaschen und einer Theke ausgestattet und ebenfalls durch ein Bodenfenster beleuchtet war.

Eine weitere Tür führte in den angrenzenden Rauchsalon. Er war von passionierten Rauchern unter den Zeppelingästen sehnsüchtig erwartet worden und galt daher als einer der beliebtesten Aufenthaltsräume an Bord. Eine umlaufende Wandbank, vier kleine Tischchen mit eingebauten Aschenbechern sowie acht Drehsessel luden zu Gesprächen beim Genuss einer Zigarre oder Zigarette und einem Drink ein. Aus Sicherheitsgründen waren Wände und Möbel mit Leder bespannt. Farblich war der Raum in Blau und Gold gehalten. Die Wandmalereien, die sich in allen Gesellschaftsräumen befanden, zeigten in diesem Raum Motive aus der Geschichte der Luftschifffahrt.

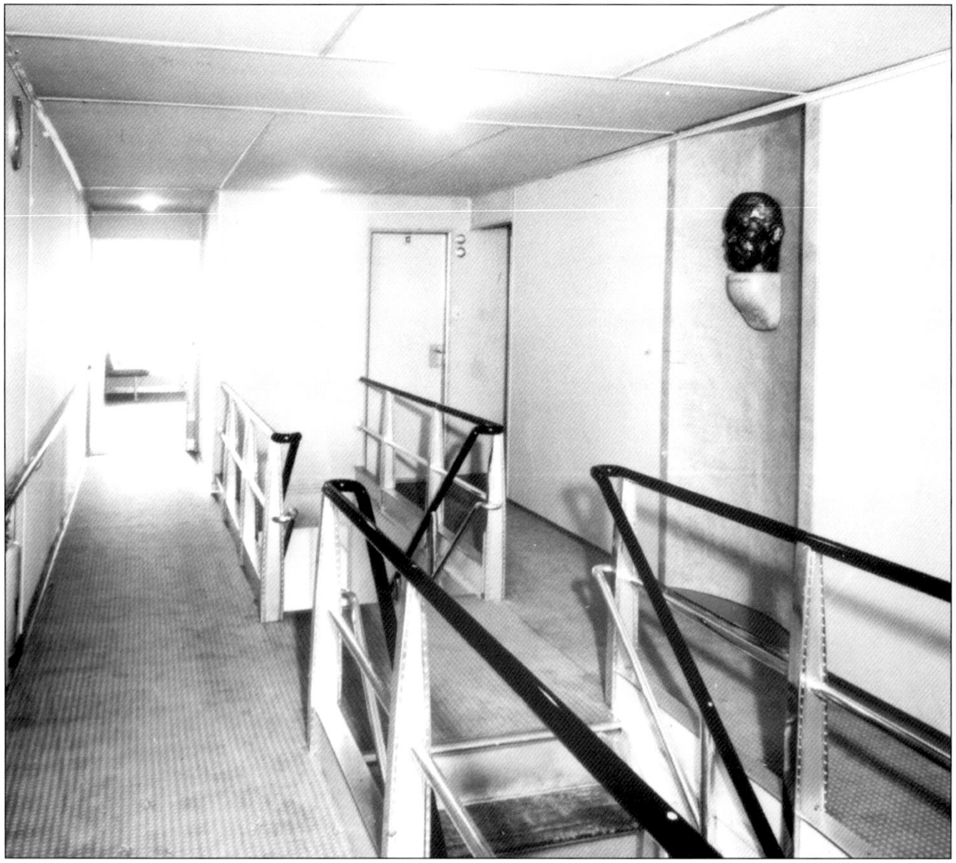

Das Treppenhaus im A-Deck. Im Hintergrund links ist der Zugang zum Speisesaal zu sehen.

2559 *
Deutsche Zeppelin-Reederei

2559 *

Name des Passagiers

Kabinennummer

Sehr wichtig!

An Bord des Luftschiffs „Hindenburg" ist

Rauchen

nur in dem besonders hierfür isolierten **Rauchzimmer** gestattet.

In allen anderen Räumen, ist das

Rauchen streng verboten!

Unsere Passagiere werden gebeten, Zündhölzer und Feuerzeuge dem Steward **in diesem Beutel vor dem Betreten** des Luftschiffs zur **Aufbewahrung** zu geben.

Rückgabe nach Landung!

Deutsche Zeppelin-Reederei G. m. b. H.

Eine der Papiertüten, in der Passagiere ihre Rauchutensilien verstauten.

Über den schräg gestellten Bodenfenstern, die durch eine Balustrade vom Raum abgetrennt waren, bildeten zwei Karten den nördlichen und südlichen Sternenhimmel ab. Gemütlich schmauchend konnte man sich über das Geländer lehnen und die Erde unter sich vorüberziehen lassen.

Über diese beiden Räume wachte ein Steward, der dafür verantwortlich war, dass keiner der Gäste etwa mit einer brennenden Zigarre den Rauchsalon verließ. Deshalb war das Verlassen der Bar nur möglich, wenn der Steward die Drehtür frei gab. Er verfügte auch über den einzigen Bestand an Tabakwaren an Bord und gab den Gästen Feuer. Zusätzlich war noch ein elektrischer Zigarettenanzünder an einer der Wände installiert. Sämtliche persönlichen Rauchutensilien mussten die Passagiere vor Reiseantritt in ein eigens dafür bestimmtes Papiertütchen packen und dem Steward aushändigen. Gegen einen nummerierten Quittungsabschnitt erhielten sie den Inhalt nach der Landung wieder zurück. Der Steward war außerdem als Barkeeper tätig und mixte

Drinks wie den eisgekühlten Orangencocktail „LZ 129“, eine Spezialkreation der Zeppelinbar, oder den unter Amerikanern sehr beliebten „Manhattan“.

Links von der Bar schloss sich das Schiffsbüro des Oberstewards Heinrich Kubis an. Er war einer der ersten Luftschiffstewards und hatte schon vor dem Krieg auf den Delag-Luftschiffen Dienst getan. Von diesem Raum gelangte man über eine Schleuse in den Kiellaufgang und in die gegenüberliegende Küche sowie in die Mannschafts- und die Offiziersmesse. Dieser Bereich war für Fahrgäste jedoch nicht zugänglich. Ihnen standen auf der Backbordseite aber noch ein Duschraum und eine Toilette zur Verfügung.

Eine Treppe führte in das darüberliegende A-Deck, das wegen seiner höheren Lage im Schiffsbauch breiter war als das B-Deck. Im Korridor stand eine Büste des verstorbenen Reichspräsidenten Paul von Hindenburg, dem Namensgeber des Schiffes. Von hier gelangte man auf der Steuerbordseite in den großen Gesellschaftsraum mit daran anschließendem Schreib- und Lesezimmer und auf der Backbordseite in den Speisesaal. Zwei Längsgänge führten zu den Schlafkabinen, die in vier Reihen angeordnet zwischen den Aufenthaltsräumen lagen.

Die Kabinen waren durch Schiebetüren gegen den Gang abgeschlossen, die von außen durch einen Schlüssel, von innen durch einen Riegel abzuschließen waren. Die Doppelkabinen hatten zwei übereinanderliegende Betten, wobei das obere mit Hilfe einer Leichtmetallleiter bestiegen wurde. Gegen Aufpreis konnte man auch eine Einzelkabine buchen. In diesem Fall wurde das obere Bett einfach nach oben geklappt. Am Ende der beiden Gänge konnten die jeweils gegenüberliegenden beiden Kabinen durch eine Schiebetür abgetrennt werden, sodass sie einen eigenen Korridor erhielten. Eine vierköpfige Familie konnte auf diese Weise ein kleines Appartement buchen.

Jede Kabine enthielt einen einklappbaren Waschtisch aus Kunststoff mit Kalt- und Warmwasserhahn, Handtuchhalter und Spiegel, einige Kleiderhaken, eine

Blick in eine Schlafkabine. Der Zugschalter hatte phosphoreszierende Ringe an den Griffen, damit der Schalter auch im Dunkeln zu finden war.

Schranknische mit Ablagerost sowie ein Klapptischchen und einen Klapphocker. Das Handgepäck für die wenigen Tage fand Platz unter dem unteren Bett. Das elektrische Licht wurde durch einen Schalter an der Tür oder einen Zugschalter an der gegenüberliegenden Schmalwand, der vom Bett aus zu betätigen war, ein- und ausgeschaltet. Über Lüftungsschlitze wurden die Kabinen mit Frischluft oder Warmluft versorgt. Durch Betätigen eines Druckknopfes neben der Tür konnte man den Steward rufen. Wie in jedem guten Hotel konnten die Fahrgäste

Der Gesellschaftsraum noch ohne Blüthner-Flügel, an der Wand die Weltkarte von Otto Arpke.

Das Schreib- und Lesezimmer. Links ist die Bordbücherei zu sehen.

ihre Schuhe nachts vor die Tür stellen und fanden sie am nächsten Morgen frisch geputzt wieder vor.

Auf der Steuerbordseite lagen der Gesellschaftsraum und, durch eine Querwand abgetrennt, das Schreib- und Lesezimmer. Eine Balustrade trennte die beiden Räume von der Fensterpromenade ab. Der Gesellschaftraum, der in einem hellen Braun gehalten war, enthielt bequeme Leichtmetallsessel und mehrere kleine Tischchen, die zum Lesen oder Kartenspielen einluden. Außerdem wurde bei der Pianofabrik Blüthner in Leipzig als Sonderanfertigung ein Flügel aus Aluminium bestellt, der mit gelbem Schweinsleder bezogen war und nur 180 Kilogramm wog. Er kam allerdings erst bei der ersten Nordamerikafahrt im Mai 1936 an Bord. Um Platz für ihn zu schaffen, wurden die vier runden Ablagetischchen entfernt.

An der Längswand befand sich eine Weltkarte, die die Routen der großen Entdecker und die wichtigsten Fahrten der Zeppelin-Luftschiffe zeigte. Sie war wie alle übrigen Wandbilder in der „Hindenburg“ in einer aufwändigen Spritztechnik mit zahllosen Schablonen auf Ballonseide gestaltet worden. Diese Spritzbilder stammten von dem Grafikdesigner Otto Arpke, der damals Lehrer für Gebrauchsgrafik an Fritz August Breuhaus’ Contempora-Schule in Berlin war. Mitgewirkt hatte nach neuesten Forschungen außerdem die renommierte Textilkünstlerin Maria May, die Textildesign an der Berliner Reimann-Schule lehrte.

An der 14 Meter langen Fensterpromenade waren einige lederne Sitzbänke angeordnet, die für ein beschauliches Betrachten der Landschaft wie geschaffen waren. Bei einer Reisehöhe von rund 500 Metern war jedes Detail genau zu sehen. Einige der Fenster ließen sich öffnen und man konnte sich den frischen Fahrtwind ins Gesicht wehen lassen, was insbesondere bei tropischen Temperaturen auf den Südamerikafahrten eine willkommene Abkühlung bot.

Das vier auf fünf Meter große Schreib- und Lesezimmer, das sich an den Gesellschaftsraum anschloss, war

Passagiere an der Fensterpromenade im Gesellschaftsraum.

mit zwei Doppelschreibtischen an der Wand und zwei runden Lesetischen ausgestattet. Die Schreibtische hatten je einen fest eingebauten Drehstuhl, eine Trennwand und Leselampen. Den Lesetischen waren die gleichen Sessel zugeordnet wie im Gesellschaftsraum. An der Wand befand sich ein kleiner Bücherschrank mit Zeitungshalter und einem Briefkasten, in den man die an Bord geschriebenen Postkarten und Briefe einwerfen konnte. Sie wurden mit einem speziellen Bordpoststempel versehen – heute eine begehrte philatelistische Rarität. Die Wandgemälde zeigten hierzu passend Szenen aus der Geschichte der Postbeförderung.

Ein Quergang verband die Steuerbordräume mit dem gegenüberliegenden Speisesaal, der die gesamte Backbordseite einnahm. Auch er hatte eine Fensterpromenade, die durch eine Balustrade vom übrigen Raum abgetrennt war. In diesem Saal standen sechs quadratische Tische mit je vier Metallrohrsesseln. Außerdem waren an der

Die große Tafel im Speisesaal.

Die Anrichte. Links ist der Speiseaufzug zu sehen, rechts daneben die Bodenluke zur Küche.

Längswand noch vier kleinere rechteckige Tische angeordnet, sodass Sitzplätze für alle 50 Fahrgäste vorhanden waren. Die Tische konnten durch zusätzliche Einsatzplatten zu einer langen Festtafel verbunden werden und an Wandhalterungen ließen sich vier Serviertischchen anbringen. Die ledernen Polsterbezüge der Stühle und Fensterbänke im Speisesaal waren in einem warmen Rotton gehalten und bildeten einen angenehmen Kontrast zu den Wandbildern mit ihren hellen Farben. In diesem Raum zeigten sie Szenen einer Luftschifffahrt von Deutschland nach Südamerika.

Die Küche mit Elektroherd und drei Backröhren.

An den Speisesaal angrenzend befand sich eine kleine Anrichte mit Spülbecken und Schränken für Gläser, Besteck, Bordporzellan, Tischdecken, Stoffservietten und was sonst noch alles für eine vornehme Tischdekoration erforderlich war. Das cremefarbene Bordporzellan mit Goldrand zeigte das Signet der DZR, ein Luftschiff auf einer Weltkugel. Die Gläser hatten keine Stile, um bei einer möglichen Schräglage des Schiffes ein Umkippen zu verhindern. In einem Getränkeschrank befand sich ein Eisfach für die Zubereitung von Eiswürfeln. Außerdem war ein Spülbecken vorhanden. Ein Aufzug beförderte die Speisen von der Küche zur Anrichte. Eine Sprachrohrverbindung und eine Leiter, die in die Bordküche hinunterführte, erleichterten die Kommunikation zwischen Stewards und Küchenpersonal. Die Anrichte konnte durch eine Schiebetür vom Speisesaal abgetrennt werden und eine Bodenklappe über der Steigleiter zur Küche dämpfte heraufdringenden Lärm und Kochgerüche.

In der Küche wurden die Mahlzeiten sowohl für die Fahrgäste als auch für die Besatzung zubereitet. Sie lag im unteren Deck auf der Backbordseite zwischen Offiziers- und Mannschaftsmesse, zu denen es Durch-

Blick in die Offiziersmesse (links) und in die Mannschaftsmesse (rechts).

reichen für die Speisen gab. Der Zugang erfolgte vom Passagierdeck aus über die Steigleiter in der Anrichte oder vom Kiellaufgang über einen Vorraum, wo eine Spülküche untergebracht war. Der Fußboden und die Wand im Bereich des Herdes waren mit Blech ausgekleidet. Tageslicht erhielt die Küche wie alle Räume im B-Deck von unten. Um auch hier möglichst wenig Lärm und Gerüche nach außen dringen zu lassen, war der Fensterraum der Küche zusätzlich durch senkrechte Plexiglasfenster abgeschlossen.

Die Ausstattung bestand aus einem elektrischen Herd mit vier Kochplatten, einem Brat- und Backofen mit drei Backröhren, einem Küchenschrank mit Schubladen und Regalen, einem Arbeitstisch, einem Kühlschrank sowie zwei Spülbecken und außerdem einem Bordtelefon. Bei längeren Reisen war dies das Reich von fünf Köchen, die für frische Brötchen zum Frühstück sorgten und drei- oder viergängige Menüs zubereiteten.

Mannschafts- und Offiziersmesse waren links und rechts neben der Küche im Fahrgastabteil auf dem B-Deck untergebracht und wurden über eine Tür vom unteren Laufgang aus betreten. Die Mannschaftsmesse hatte 24 Sitzplätze, die Offiziersmesse zwölf. Da an Bord des Schiffes im Dreischichtbetrieb gearbeitet wurde, gab es keine Platznot bei den Mahlzeiten. Als weiteren Aufenthaltsraum für Besatzungsmitglieder erwähnt die Schiffsbeschreibung noch einen Raum im Schiffsbug unterhalb der Windenplattform. Er bot mit vier Bänken und vier Tischen Platz für insgesamt zehn Personen.

Im Gegensatz zu LZ 127 „Graf Zeppelin“ waren die Besatzungsräume der „Hindenburg“ vollkommen

Einstieg in die Führergondel.

getrennt vom Fahrgastbereich. Nur die Stewards und die Offiziere hatten Zugang zu den Passagierdecks, die sie durch das Schiffsbüro des Oberstewards oder über die Steigleiter von der Küche zur Anrichte erreichten.

Der Einstieg für die Besatzungsmitglieder erfolgte über Außenleitern an der Führergondel und an der Kielflosse, wo sich noch ein Hilfssteuerstand befand, um die mächtigen Ruderflächen im Notfall von hier aus mechanisch bewegen zu können. Kielflosse und Führergondel ruhten auf je einem schwenkbaren Landerad, den einzigen beiden Aufsetzpunkten des Luftschiffes.

Die Führergondel, in der sich der Hauptsteuerstand des Luftschiffes befand, war im Bugteil des Schiffes

Zeitschrift des Vereines deutscher Ingenieure
Bd. 80 (1936) Nr. 13

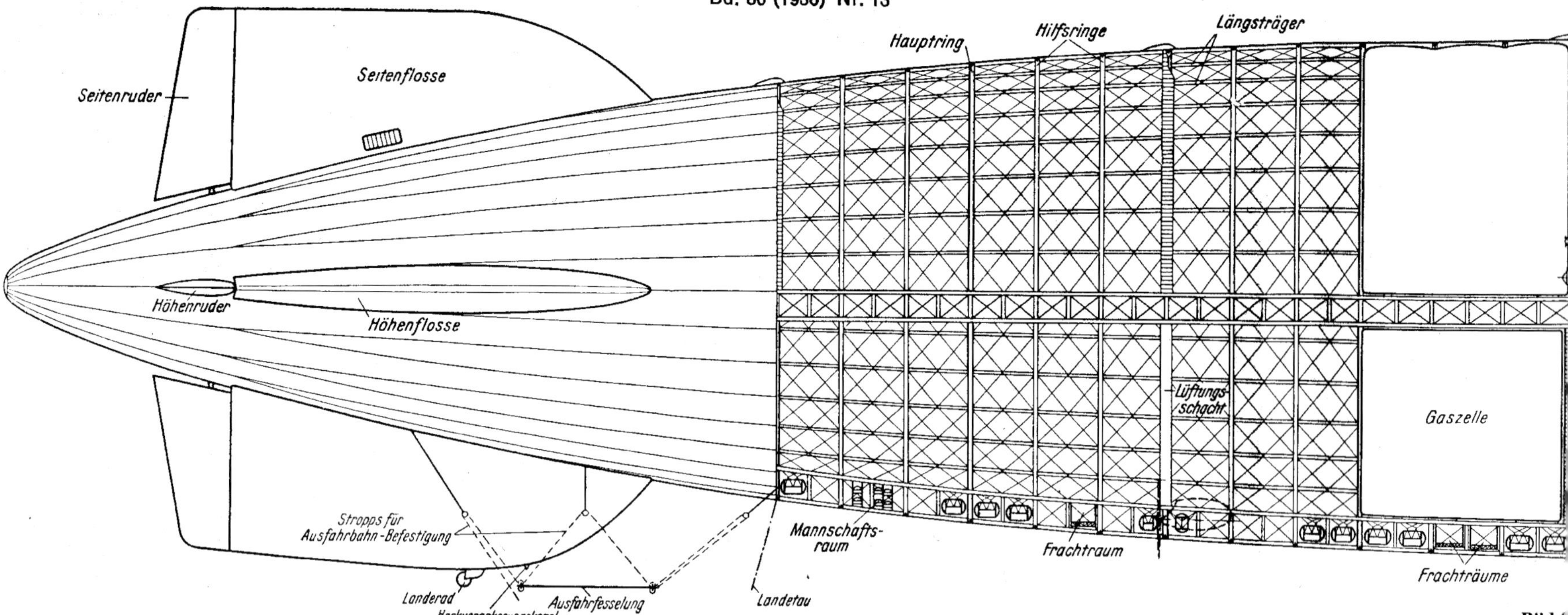

Bild 2

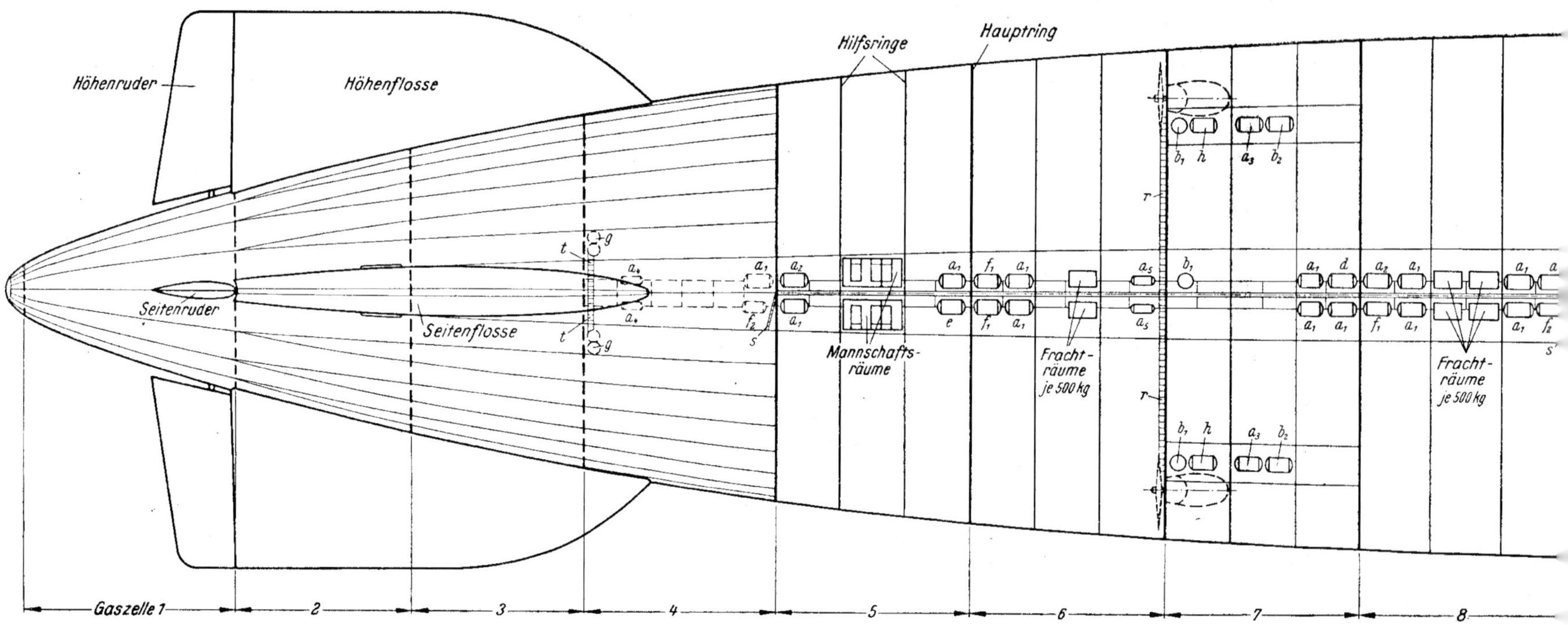

Seitenansicht und Grundriss von LZ 129 „Hindenburg“.

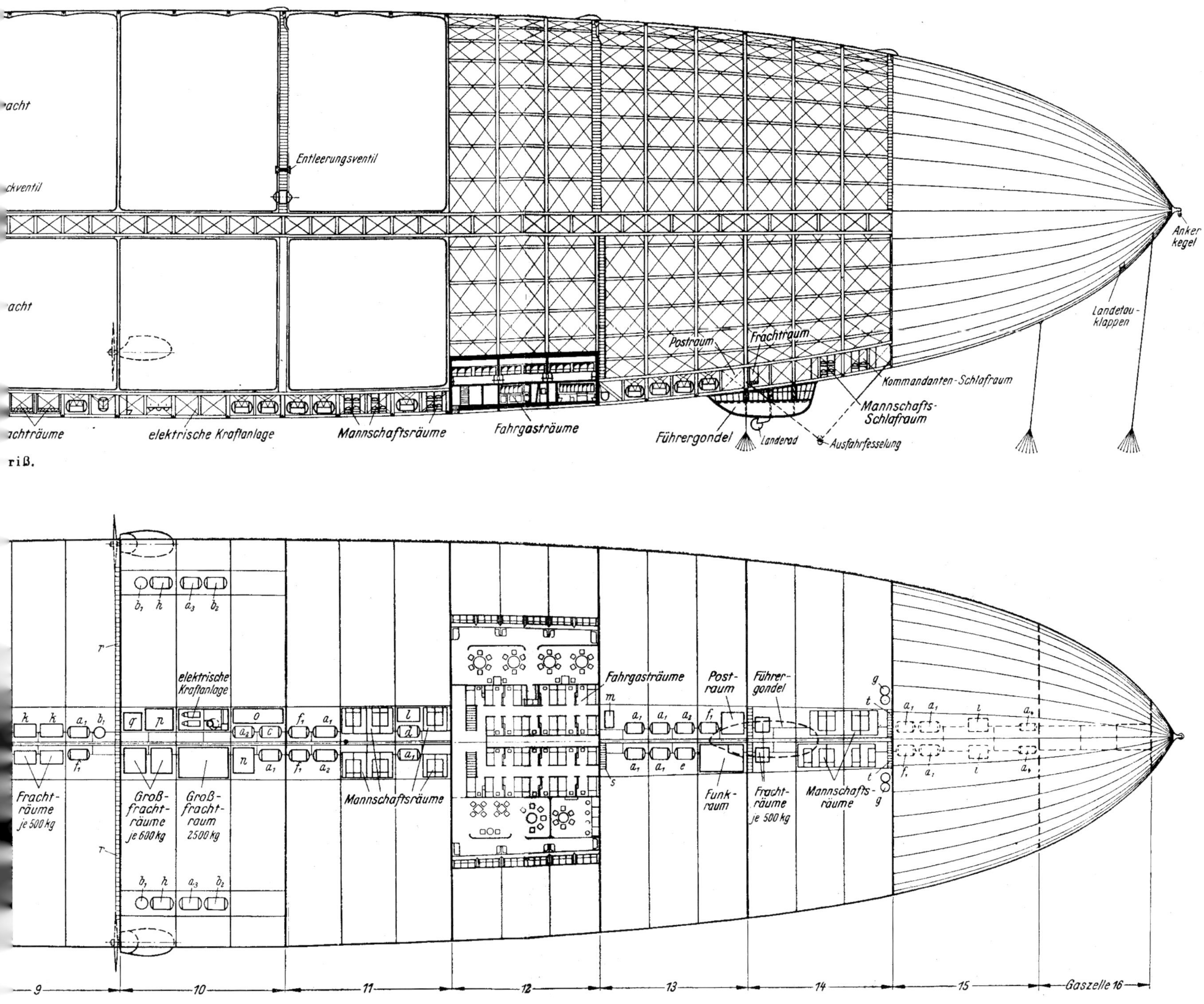

Einstieg in die Kielflosse.

Blick in den Steuerstand der Führergondel.

unterhalb des Kielgerüstes angebaut. Dadurch war eine gute Übersicht während der Fahrt gewährleistet. Der Gesamtraum der neun Meter langen und zweieinhalb Meter breiten Gondeln war durch Querwände in drei Bereiche unterteilt. Der vordere diente als Steuerraum, dahinter schloss sich der Karten- und Navigationsraum an und der hinterste Raum war der sogenannte Peilraum. Von der Führergondel aus wurde das Schiff navigiert und gesteuert. Bei längeren Fahrten waren zwei Schiffsführer, vier Wachhabende, drei Navigatoren, drei Höhen- und drei Seitensteuermänner an Bord, die sich im Dreischichtbetrieb abwechselten. Diese Einteilung in Wache, Freiwache und Pikettwache galt für die gesamte Besatzung. Offiziere, Ingenieure und Funkoffiziere hatten jeweils vier Stunden Wache, während die Steuerleute, Zellenpfleger und das Maschinenpersonal tagsüber zwei und nachts drei Stunden Wache gingen.

Im Steuerraum befand sich an der Backbordseite das Höhensteuerrad für die Auf- und Abwärtsbewegungen

Der Höhensteuerstand. Rechts oben sieht man die Anzeigetafel für das Ballastwasser.

des Luftschiffs und im Bugbereich das Seitensteuerrad, das die Links- und Rechtsbewegungen regelte. Entsprechend waren am Höhensteuerstand ein Höhenmesser, ein Variometer und ein Neigungsmesser angeordnet, während am Seitensteuerstand ein Tochterkompass der Kreiselkompassanlage und ein Magnetkompass die Richtung wiesen.

Das Navigieren eines Luftschiffes konnte insbesondere bei Landevorgängen entweder das Abgeben von Ballast erfordern, wenn das Schiff zu schwer war, oder das Ziehen von Gas, wenn das Schiff zu leicht war. Der Ballast wurde in Form von Wasser in Tanks oder Stoffsäcken (sogenannten Ballastwasserhosen) mitgeführt, die über die gesamte Länge des Schiffes verteilt waren. Die Ballastabgabe und das Ziehen von Gas waren Aufgabe des Höhensteuermannes, dem zu diesem Zweck zwei Anzeigetafeln zur Verfügung standen, die ihn über den Füllstand der einzelnen Wassertanks und der sechzehn Gaszellen informierten. Über Züge konnte er

Der Seitensteuerstand mit Kompass.

gezielt einzelne Ballastwassertanks teilweise oder ganz entleeren oder die Manövrierventile einzelner Gaszellen öffnen. Der Höhensteuermann war während der Fahrt dafür verantwortlich, dass das Schiff in ruhiger Fahrt mit möglichst geringen Ruderausschlägen auf der befohlenen Höhe blieb, da ein Aufschaukeln des Schiffes erstens eine stärkere Beanspruchung des Schiffsgerippes bedeutete und zweitens unangenehm für die Fahrgäste war. Eine Schräglage des Luftschiffes von fünf Grad durfte nicht überschritten werden, da ab einer Schräglage von acht Grad Gläser und Flaschen umfielen.

Ein zweiter Steuermann war für die Seitennavigation zuständig. Er hatte das Schiff entweder auf dem Kurs zu halten, den ihm der 3. Offizier angab, oder er steuerte auf Anweisung. Auch für den Seitensteuerer galt es, möglichst einen maximalen Ruderausschlag von fünf Grad zur Kurskorrektur einzuhalten, da das Schiff bei größeren Bewegungen unruhig wurde und zu pendeln begann.

Die Gasschalttafel mit Prallanzeiger und Feindruckmesser.

Die Befehlsübermittlung zwischen Führergondel, Ingenieurraum und Maschinengondeln erfolgte über mechanische Maschinentelegrafen. Außerdem gab es eine Telefonanlage mit mehreren Anschlussstellen im Schiff, eine Rohrpostanlage zur Übermittlung von Telegrammen zwischen Führergondel und Funkstation und eine Sprechrohrverbindung zum Axialsteg.

Im Navigationsraum befanden sich eine Funkpeilanlage und ein großer Kartentisch, unter dem in breiten Schubladen das Kartenmaterial aufbewahrt wurde. Hier registrierte der 3. Offizier den Kursverlauf und trug Wind- und Wetterverhältnisse, Schiffsbegegnungen und andere wichtige Ereignisse jeder einzelnen Fahrt im Fahrtenbuch ein. Diese Fahrtberichte, die sich heute im Archiv der Luftschiffbau Zeppelin GmbH in Friedrichshafen befinden, sind eine wichtige und interessante Quelle für die Fahrten der „Hindenburg".

Der Navigationsraum in der Führergondel.

Im angrenzenden Peilraum befand sich im hintersten Teil der Gondel eine Sitzbank aus Aluminium, von der aus die Unterseite des Schiffes gut übersehen werden konnte. Eine Leiter führte von hier aus nach oben in den Schiffsbauch in einen Schleusenraum. Von diesem gelangte man durch eine Tür in die Funkstation auf der Steuerbordseite.

Die Funkeinrichtung umfasste einen Kurzwellen- und einen Langwellensender, zwei Empfänger und ein Peilgerät. Durch eine Rohrpostanlage war er nicht nur mit der Führergondel, sondern auch mit dem Stewardraum im Fahrgastabteil verbunden, sodass auf diese Weise auch Telegramme der Fahrgäste übermittelt

Funkinspektor Willi Speck im Funkraum. Er war seit 1912 als Funker auf verschiedenen Luftschiffen tätig.

werden konnten, sofern die Funkanlage nicht für die Aufnahme von wichtigen Wettermeldungen benötigt wurde. Vier Funker teilten sich den Dienst auf Transatlantikreisen.

Gegenüber dem Funkraum befand sich der Postraum. Während der Fahrt wurden dort Briefe und Postkarten mit einem besonderen Bordstempel versehen. Ein Arbeitstisch und eine Bank boten Platz für zwei Personen.

Funkraum und Postraum grenzten an den sogenannten Kiellaufgang, einen schmalen Laufsteg, der sich von der Bugspitze bis zum Heckkreuz nahezu

Blick in den Kiellaufgang. Links und rechts sind Tanks für Frisch- und Abwasser bzw. für Schmieröl und Treibstoff zu sehen. Nach oben war der Blick freigegeben auf die Gaszellen.

durch den gesamten Schiffskiel zog und der den Hauptverkehrsweg für die Besatzung darstellte. Beiderseits dieses Kiellaufganges waren Stauräume für Fracht, Post und Proviant, die Behälter für Betriebsstoff, Schmieröl, Ballastwasser, Frischwasser und Abwasser. Mittschiffs befanden sich ein Großfrachtraum für sperrige Güter wie Autos oder kleinere Flugzeuge sowie eine kleine

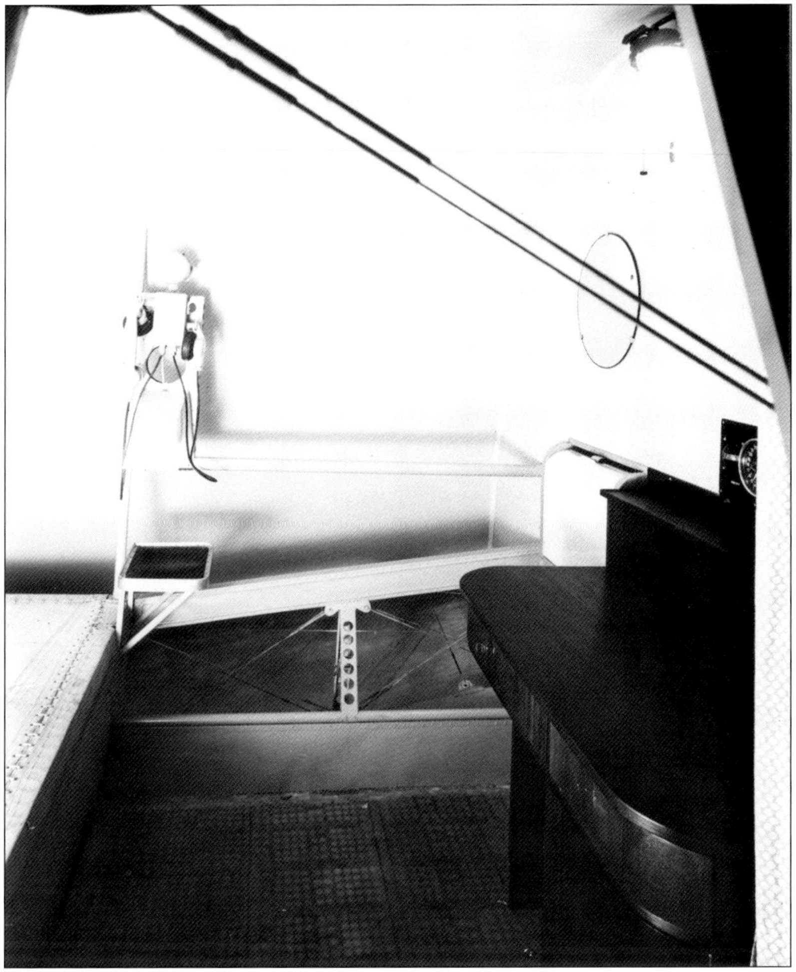

Der Kommandantenraum (links) enthielt neben dem Bett auch einen Schreibtisch und ein Klappwaschbecken sowie Telefon, Kompass und Höhenmesser. Die anderen Kabinen waren außer den Schlafpritschen lediglich mit einigen Kleiderhaken und einer Kiste zum Verstauen von persönlichen Dingen ausgestattet.

Bordwerkstatt mit Werkzeug und Ersatzteilen. Auch die Elektrozentrale, die zwei Dieselgeneratoren enthielt, um das Schiff mit Strom zu versorgen, war in diesem Bereich untergebracht. Drei Bordelektriker waren für die Überwachung der elektrischen Anlage während der Fahrten zuständig. Daran angrenzend war ein Ingenieurraum, in dem sich Maschinentelegrafen, Kompass, Höhen-, Neigungs- und Feuchtigkeitsmesser, Thermometer sowie Drehzahl- und Geschwindigkeitsmesser befanden. Es war die Zentralstelle für die Maschinenanlage und die technischen Einrichtungen und der hauptsächliche Aufenthaltsort des Fahringenieurs.

Auch die Besatzungsschlafräume lagen links und rechts des Laufganges. Sie waren in drei Gruppen auf

Bug, Schiffsmitte und Heck verteilt. Die Besatzungsmitglieder waren jeweils in der Nähe ihres Arbeitsbereiches im Schiff untergebracht. So befand sich der Kommandantenschlafraum zusammen mit drei weiteren Einzel- und fünf Doppelkabinen für Offiziere und Steuerleute im Bugbereich des Schiffes.

Die zweite Gruppe mit insgesamt 14 Schlafkabinen lag hinter dem Fahrgastabteil. Dort waren die Stewards und Köche sowie die Maschinisten der beiden vorderen Motorengondeln untergebracht. Ebenfalls in der Schiffsmitte, zwischen Elektrozentrale und Werkstatt, befanden sich Waschräume und Toiletten, getrennt nach Offiziers- und Mannschaftsgraden, sowie eine Dusche.

Weitere sechs Doppelkajüten lagen sich im Heckbereich des Schiffes, wo unter anderem die Maschinisten der beiden hinteren Motorgondeln schliefen. Decken und Wände bestanden aus Stoff, die Kajüten waren ebenfalls durch einen einfachen Stoffvorhang vom Laufgang abgetrennt.

Ein zweiter Laufgang erstreckte sich genau in der Drehachse des Schiffes über die gesamte Länge. Dieser sogenannte Axialsteg war über drei Leitern vom Kiellaufgang aus zu erreichen. Außerdem traf er an der Bugspitze mit dem unteren Laufgang zusammen. Der Axialsteg gestattete den sogenannten Zellenpflegern Kontrollgänge durch die 16 Gaszellen, bei denen sie mögliche Lecks ausfindig machten und die Gasventile auf ordnungsgemäßen Zustand überprüften. Die Zellenpfleger waren auch für den Zustand der Außenhülle verantwortlich. Zu ihren Aufgaben gehörte es, gegebenenfalls nach außen auf den Schiffsrücken zu klettern und dort, nur durch ein Halteseil gesichert, Schäden an der Außenhaut zu reparieren. Der Schiffsfirst war über einige Gasschächte zugänglich, die als Steigleitern ausgebildet waren.

Vom unteren Kiellaufgang führten seitliche Laufgänge zu den vier Motorgondeln, die paarweise auf der Backbord- und Steuerbordseite außen am Luftschiff angebracht waren. Eine Tür in der Schiffshülle führte auf einen Brückensteg bzw. eine Leiter, über die die Maschinisten die jeweilige Motorengondel betraten, der sie zugeteilt waren. Die Gondeln waren im Fußbodenbereich mit Blech verschalt, ansonsten waren sie wie der Schiffskörper mit Stoff bespannt. Ein Fenster sorgte für genügend Licht und der Einstieg konnte durch einen Rollladen verschlossen werden. In jeder Gondel befand sich ein LOF-6-Dieselmotor der Firma Daimler-Benz mit je 850 PS Dauerleistung. Es handelte sich um Viertakt-Vorkammer-Motoren mit 16 wassergekühlten Stahlzylindern, die in zwei Reihen v-förmig angeordnet waren. Sie besaßen Druckluftanlasser und konnten mit Hilfe von Druckluft direkt umgesteuert werden. Jeder dieser Motoren trieb eine vierflügelige Luftschraube von sechs Metern Durchmesser an. In die Bugöffnung der Gondeln waren die Wasser- und Ölkühler eingebaut. Zwei bewegliche Klappen regulierten die Luftmenge, die durch den Kühler strömte. Der Treibstoff- und Schmierölvorrat befand sich im Schiffsinneren in Behältern seitlich des Kiellaufganges und in den Seitenlaufgängen.

Jeder Motor wurde rund um die Uhr von einem Maschinisten überwacht, sodass bei mehrtägigen Fahrten insgesamt zwölf Maschinisten an Bord waren. Ihnen standen auf einer Instrumententafel alle nötigen Anzeiger für Kühlwassertemperatur, Öltemperatur, Öldruck und Drehzahl zur Verfügung. Sie mussten notfalls auch Reparaturen an den Motoren während der Fahrt durchführen. 45 Minuten vor Antritt einer Fahrt führten jeweils zwei Maschinisten einen Probelauf durch und auch beim Start hatten in jeder Gondel zwei Maschinisten zu sein. Wer gerade Freiwache hatte, musste den sogenannten Brennstoffdienst übernehmen. Dazu gehörten die Kontrolle der Treibstofftanks und -leitungen, das Öffnen und Schließen der Brennstofffässer und die Eintragungen zum Brennstoffverbrauch in den Brennstoffplan.

Mit Gründung der DZR wurde eine einheitliche Dienstbekleidung für sämtliche Besatzungsmitglieder eingeführt, die aus einem blauen Dienstanzug mit gol-

Die beiden Steuerbord-Motorgondeln.

denen Knöpfen und einer marineblauen Schirmmütze bestand. Für die Tropen erhielt jeder einen weißen Anzug und eine Mütze mit weißem Deckel. Dazu waren schwarze Schuhe vorgeschrieben. Ein Sommer- und ein Wintermantel rundete die Ausstattung ab.

An den Abzeichen ließen sich die Funktion und der Dienstgrad eines Besatzungsmitgliedes ablesen. So hatten die Luftschiffkapitäne bis zum 3. Offizier als Dienstabzeichen einen Globus in Gold und Blau mit silbernem Luftschiff sowie vier bis einen goldenen Ärmelstreifen. Die Luftschiffingenieure und die Maschinisten hatten ein großes, goldfarbenes Zahnrad und ebenfalls unterschiedlich viele bzw. keine Ärmelstreifen. Zwei goldene gekreuzte Blitze wiesen den Träger als Funkoffizier aus, ein Blitz kennzeichnete die Bordelektriker. Das Stewardpersonal trug keine Dienstabzeichen und abweichend von den übrigen Besatzungsmitgliedern hatte ihre Dienstkleidung silberne Knöpfe.

Im Interesse eines sicheren und pünktlichen Luftschiffverkehrs wurde von jedem Luftschiffer eine äußerst gewissenhafte Verrichtung des Dienstes verlangt und auch außerdienstlich musste die Besatzung durch vorbildliches Verhalten ihren Teil zur positiven Außenwirkung des Luftschiffdienstes beitragen.

Ein Maschinist in einer der Motorengondeln.

IV.

DIE FAHRTEN DER „HINDENBURG“

Am Nachmittag des 4. März 1936 um 15.19 Uhr startete LZ 129 zu seiner lang erwarteten ersten Fahrt. An Bord waren 85 Personen, darunter Hugo Eckener, als Vorsitzender der Luftschiffbau Zeppelin GmbH, sämtliche Luftschiffkapitäne der DZR sowie 47 weitere Besatzungsmitglieder, inklusive Köche und Stewards. Als Fahrgäste waren 30 Angestellte der Luftschiffwerft Friedrichshafen mit an Bord. Die meisten von ihnen waren Ingenieure des Technischen Büros, dessen langjähriger Leiter Ludwig Dürr selbstverständlich eben-

Während der langen Bauzeit des LZ 129 hatte sich Staub auf der Hülle festgesetzt, der bei der ersten Werkstattfahrt durch den Fahrtwind heruntergeweht wurde.

◀ *Die „Hindenburg“ in der Luftschiffhalle in Frankfurt am Main.*

Die „Hindenburg“ wird aus der Halle gezogen.

falls unter den Fahrgästen war. Sie alle waren gespannt auf die Fahreigenschaften des neuen Luftschiffs.

Vor dem Start hielt Eckener von der Führergondel aus eine Ansprache an die Mitarbeiter der Werft. Er sprach allen seinen Dank für ihr Mitwirken am Bau des LZ 129 aus und wünschte dem Schiff viel Glück auf seinen künftigen Fahrten. Nachdem das Schiff noch ein letztes Mal ausgewogen worden war, ertönte das Kommando „Luftschiff marsch!“ und die zweihundertköpfige Haltemannschaft zog den Riesenleib an Seilspinnen und Laufkatzen aus dem Osttor der Bauhalle. Draußen wurde er gegen den Wind gedreht und auf ein Glockenzeichen hin hochgeworfen. Majestätisch erhob sich der Gigant unter den Jubelrufen der Zuschauer in

sein Element. Erst in hundert Metern Höhe sprangen die Motoren an. Ihrer Erprobung galt diese erste Testfahrt vor allem.

Weiterhin galt es, die Steuerfähigkeit des Schiffes zu überprüfen, das Umsteuern der Maschinen und Luftschrauben auf Rückwärtsgang zu erproben und die Bremswirkung zu testen. Als das Schiff um 18.25 Uhr wieder landete, waren alle Beteiligten mit dem Ergebnis dieser ersten Testfahrt hochzufrieden.

Bis Ende März folgten noch vier weitere Probefahrten, die erste davon gleich am nächsten Morgen um kurz vor neun. Dieses Mal war das Luftschiff mit 88 Personen besetzt. Das Kommando teilten sich, wie bei der Erstfahrt und der nachfolgenden Testfahrt, Hugo

Eckener, Ernst Lehmann und Hans von Schiller. Nach einigen Runden über dem Bodensee wurde ein Abstecher nach München unternommen. Um die Mittagszeit kreiste das Luftschiff über der Stadt und fuhr dann über Bad Tölz und Augsburg wieder zurück nach Friedrichshafen, wo es nach achtstündiger Fahrt landete. Dieses Mal kam auch die elektrische Küche zum Einsatz. Zum Frühstück gab es belegte Brötchen und Fleischbrühe, zum Mittagessen ungarisches Gulasch mit Kartoffeln. Als Fahrgäste waren wiederum hauptsächlich Ingenieure an Bord, die am Bau des Luftschiffes beteiligt waren und an Bord noch verschiedene Versuche durchführten.

Die dritte Fahrt am Nachmittag des 6. März war die Abnahmefahrt, die vom Reichsluftfahrtministerium angeordnet worden war. An der dreieinhalbstündigen Fahrt über dem östlichen Bodensee nahmen daher vor allem Mitglieder der Prüfungsstelle teil. Beim Versuch, das etwas zu schwere Schiff auf beiden Landerädern zu landen, ohne zuvor Wasserballast abzulassen, wurde die Führergondel beschädigt. Nachdem der Fußboden des Navigationsraumes erneuert und einige kleinere Änderungen vorgenommen worden waren, konnte das Schiff nach der vierten Fahrt behördlich abgenommen und für den Passagierdienst freigegeben werden.

Ab jetzt hatte Kapitän Lehmann das Kommando über das Schiff. Er setzte noch einmal eine 30-stündige Probefahrt am 17./18. März an, um die Dieselmotoren einer Dauerprüfung zu unterziehen. Die Fahrt führte wieder nach Bayern. Über das Allgäu, den Tegernsee und den Chiemsee näherte sich das Luftschiff der österreichischen Grenze und stattete Salzburg einen Besuch ab. Nachts wurden München, Ulm und Augsburg überquert. Bei einer Zwischenlandung auf dem Werftgelände in Friedrichshafen am Morgen des 18. März stiegen weitere Ingenieure zu. Am Nachmittag desselben Tages konnte auch diese Probefahrt beendet werden und Kapitän Lehmann war sicher, dass sein Schiff nun bereit für die Beförderung von Fahrgästen war.

Um dies öffentlich bekannt zu machen, wurden am 23. März zahlreiche in- und ausländische Pressevertreter zu einer Rundfahrt über den Bodensee eingeladen. Sie sollten über die Fahreigenschaften und den Komfort des neuen Luftschiffes berichten. An Bord der „Hindenburg“ waren 102 Fahrgäste und 51 Mann Besatzung. Auch LZ 127 „Graf Zeppelin“ verließ nach der Winterüberholung an diesem Tag seine Halle, sodass nach 18 Jahren erstmals wieder zwei Zeppelin-Luftschiffe am Himmel zu sehen waren. Man beabsichtigte damit, den Pressegästen nicht nur das neue Schiff und die Schönheit der Bodenseelandschaft zu zeigen, die sich vom Luftschiff aus besonders eindrucksvoll präsentierte, sondern ihnen auch die historische Bedeutung dieses Augenblicks vor Augen zu führen. Über der Bucht von Manzell, wo die ersten Zeppeline in einer schwimmenden Halle gebaut worden waren, begegneten sich die beiden Luftschiffe und fuhren nun hintereinander in Geschwaderfahrt Richtung Westen nach Konstanz, über die Reichenau, vorbei am Hohentwiel bis zum Rheinfall bei Schaffhausen. Selbst das Wetter schien einer vorgegebenen Dramaturgie zu folgen: Nach anfänglicher Bewölkung brach die Sonne durch und beleuchtete das erste zarte Grün der Bodenseelandschaft und die schneebedeckten Gipfel der Schweizer Alpen. Zum Mittagessen kamen die Fahrgäste in den Genuss von Kalbskeule mit gemischtem Gemüse, während der zweite Geschäftsführer der DZR, Polizeipräsident Christiansen, eine Begrüßungsrede hielt.

Zugleich war auch diese Fahrt eine Testfahrt. Erstmals wurden Versuche gemacht, zwischen den beiden Führergondeln der Luftschiffe eine Telefonverbindung zur gemeinsamen Kursabstimmung herzustellen. Außerdem erprobte man eine neu eingebaute Lautsprecheranlage ebenso wie die Rundfunkübertragung. Diese Versuche dienten der Vorbereitung für die wenige Tage später angesetzte mehrtägige große Deutschlandrundfahrt. Am Ende der Pressefahrt landete LZ 129 erstmals in Friedrichshafen-Löwental, wo schon seit

LZ 127 „Graf Zeppelin“ (rechts) und LZ 129 „Hindenburg“ (links) in gemeinsamer Fahrt über dem Bodensee anlässlich der Pressefahrt am 23. März 1936.

Bei den ersten Probefahrten trug das neue Luftschiff noch keinen Namen. Die Namensgebung erfolgte erst vor der großen Wahlpropagandafahrt vom 26. bis 29. März 1936.

Anfang der 1930er-Jahre eine Fahrhalle für das neue Luftschiff bereitstand.

Dass das Luftschiff unter der neuen Flagge der Deutschen Zeppelin Reederei auch Propagandaaufgaben zu übernehmen hatte, kam unmissverständlich in der Gründungsansprache von Hermann Göring zum Ausdruck, der die Beteiligung des Reiches betonte und klarmachte, dass das Luftschiff nicht nur den Zweck habe, den Atlantik zu überfliegen, sondern auch repräsentative Aufgaben übernehmen müsse.

Eine solche Aufgabe erhielt das neue Luftschiff bereits kurz nach seiner Fertigstellung. Zusammen mit dem LZ 127 wurde es zu einer Propagandafahrt für die Reichstagswahlen am 29. März 1936 eingesetzt, bei der allerdings nur noch die NSDAP „zur Wahl" stand. Zugleich sollte mit der Abstimmung die Besetzung des entmilitarisierten Rheinlandes durch die deutsche Wehrmacht Anfang März nach außen hin legitimiert werden. Den beiden Luftschiffen fiel dabei die Aufgabe zu, vier Tage lang über alle größeren deutschen Städte zu fahren und Propagandamaterial abzuwerfen.

LZ 129 „Hindenburg" mit reparierter Heckflosse nach Beendigung der Wahlfahrt.

Eckener war empört. Er hielt diesen Einsatz „für eine Art Entweihung der Luftschiffe". Außerdem fürchtete er um den pünktlichen Start zur ersten Südamerikafahrt, die schon vor Längerem auf den 31. März angesetzt war. Eine vorher noch durchzuführende zwölfstündige Probefahrt, bei der die Motoren dauerhaft auf Höchstleistung gefahren und so auf ihre Belastbarkeit geprüft werden sollten, konnte damit vor dieser ersten Linienfahrt nicht mehr absolviert werden. Aber es gab keine Möglichkeit, die kurzfristig von Goebbels anberaumte Wahlfahrt zu verhindern, denn das Reich war schließlich Mitbesitzer der beiden Luftschiffe. Eckener demonstrierte seine Ablehnung, indem er auf eine Teilnahme verzichtete.

Kapitän Lehmann, der verantwortliche Kommandant war hingegen bemüht, den Propagandaminister durch einen pünktlichen Start zu beeindrucken. Als er am 26. März trotz böigem Wind mit der „Hindenburg" den Start wagte, kam es prompt zu einem Zwischenfall. Eine Windbö drückte die Heckflosse auf den Boden und beschädigte sie. Eckener stellte Lehmann erzürnt zur Rede und beschuldigte ihn, das Luftschiff leichtsinnig aufs Spiel gesetzt zu haben. Seine abfälligen Worte über „diese blödsinnige Fahrt" kamen Goebbels zu Ohren, der auf einer Pressekonferenz verfügte, dass Eckeners Name in der deutschen Presse nicht mehr genannt werden dürfe.

Die Fahrt selbst wurde trotzdem durchgeführt. LZ 127 „Graf Zeppelin", der sich zum Zeitpunkt des Unfalls schon in der Luft befand und über dem Bodensee kreiste, fuhr zunächst alleine voraus, während die „Hindenburg" wieder in die Halle gebracht und die beschädigte Kielflosse repariert wurde. LZ 129 startete mit einer Verspätung von mehreren Stunden am

Radioreporter an Bord der „Hindenburg“ während der Wahlfahrt.

Die beiden Luftschiffe LZ 127 und LZ 129 am Spätnachmittag des 28. März 1936 über den menschengefüllten Straßen von Berlin.

Nachmittag des 26. März und traf erst am nächsten Morgen über Insterburg in Ostpreußen wieder mit LZ 127 zusammen.

An Bord der beiden Schiffe befanden sich Mitglieder der Reichspropagandaleitung, des Luftfahrtministeriums, des Verkehrsministeriums und der DZR sowie sonstige Parteimitglieder, die Flugblätter und Hakenkreuze an kleinen Fallschirmen abwarfen. Unter den 59 Fahrgästen der „Hindenburg" waren nur zwei Damen: Zum einen die Sekretärin der DZR, zum anderen die Nichte des Grafen von Zeppelin, die 78-jährige Freiin von Gemmingen. Im Luftschiff waren Lautsprecher eingebaut worden, die die überflogenen Städte mit dem Deutschlandlied, dem Horst-Wessel-Lied, Militärmärschen und Propagandareden beschallten, und über Rundfunk wurden pausenlos Interviews, Wahlparolen und Stimmungsberichte direkt von Bord in die Wohnstuben der Deutschen gesendet.

Am 28. März erreichten beide Luftschiffe gegen 17 Uhr das Zentrum der Reichshauptstadt. Dann entschwanden sie Richtung Leipzig, um nach Einbruch der Dunkelheit wieder nach Berlin zurückzukehren. Die Fahrt erlangte ihren Höhepunkt, als beide Luftschiffe von Scheinwerfern angestrahlt wurden, während sie eineinhalb Stunden lang über der Reichshauptstadt kreisten. Am Tag der Wahl wurde an Bord der beiden Luftschiffe ein Wahllokal errichtet. Es erstaunt kaum, dass die Wahlbeteiligung 100 Prozent betrug und auf allen Zetteln das „Ja" für die Unterstützung von Hitlers Rheinlandpolitik angekreuzt war.

Die „Hindenburg“ über dem Olympiastadion in Berlin.

Prinz Rangsit und Prinzessin Valaya von Siam während der Olympiafahrt an Bord der „Hindenburg“.

Im Sommer 1936 forderte das Propagandaministerium die „Hindenburg“ zum zweiten Mal für eine Sonderfahrt an. Dieses Mal sollte sie an der Eröffnungsfeier zu den Olympischen Spielen in Berlin am 1. August 1936 teilnehmen. Die Nationalsozialisten nutzten die Spiele, um sich dem kritischen Ausland betont liberal, weltoffen und friedliebend zu präsentieren. Das Propagandaministerium inszenierte zu diesem Zweck eine eindrucksvolle Show, bei der die „Hindenburg“ als Friedenssymbol fungieren sollte. Zur Einstimmung auf die Eröffnungszeremonie kreiste LZ 129 zwei Stunden vor den eigentlichen Feierlichkeiten über dem Olympiastadion, das bereits mit 100.000 Zuschauern besetzt war.

Ein dritter Propagandaeinsatz der „Hindenburg“ erfolgte am 14. September 1936 unter der Führung von Kapitän Lehmann mit einer Fahrt zum Reichsparteitag nach Nürnberg, wo am „Tag der Wehrmacht“ eine gigantische Militärparade auf dem dortigen Zeppelinfeld stattfand. Von der Infanterie, Kavallerie, Artillerie, Luftabwehrtruppen bis hin zur Luftwaffe nahmen alle Arten von Waffengattungen daran teil und demonstrierten die Kampfkraft der Wehrmacht.

Begleitet von 17 Flugzeugen, die in Hakenkreuz-Formation flogen, näherte sich die „Hindenburg" der Tribüne, auf der Hitler und die höchsten Militärs standen, und dippte die Nase zur Begrüßung. Dann entschwebte sie nach oben und setzte Kurs Richtung Bamberg. Am Spätnachmittag kehrte sie noch einmal nach Nürnberg zurück und kreiste eine viertel Stunde lang über dem Reichsparteitagsgelände, bevor sie wieder Richtung Friedrichshafen fuhr.

Abgesehen von diesen Propagandaeinsätzen, verschiedenen Testfahrten und einigen Rundfahrten – beispielsweise einer Charterfahrt in die Schweiz, die die Firma Krupp für Direktoren, Manager und Honoratioren veranstaltete – wurde die „Hindenburg" jedoch hauptsächlich für Linienfahrten nach Süd- und Nordamerika eingesetzt.

Die Südamerikastrecke wurde seit 1931 regelmäßig von LZ 127 „Graf Zeppelin" bedient und im Jahr 1935 hatte das altgediente Luftschiff nicht weniger als 15 Passagierfahrten nach Rio de Janeiro unternommen. Dennoch war es offensichtlich, dass ein wirtschaftlicher Liniendienst mit LZ 127 aufgrund seiner begrenzten Transportkapazität nicht möglich war und ein neues, modernes Schiff dringend gebraucht wurde. Die „Hindenburg" sollte deshalb zunächst in Ergänzung zu LZ 127 auf der Südamerikastrecke eingesetzt werden, bis ein weiteres Schiff vom Typ „Hindenburg" den alten „Graf Zeppelin" ersetzen würde. Dieses Schiff wurde im Sommer 1936 von der DZR bei der Luftschiffbau Zeppelin GmbH in Auftrag gegeben. In Rio konnte mit finanzieller Unterstützung der brasilianischen Regierung eine Luftschiffhalle ähnlich derjenigen in Friedrichshafen-Löwental und in Frankfurt gebaut werden, die als Fahrhalle für den neuen Schiffstyp geeignet war.

Um sich für diese Unterstützung erkenntlich zu zeigen, wurde die „Hindenburg" schon kurz nach ihrer Fertigstellung für eine Fahrt nach Rio eingeplant, die für den 31. März angekündigt worden war. Wollte man den Ruf eines zuverlässigen und pünktlichen Verkehrsmittels nicht gefährden, durfte der Start nicht mehr verschoben werden. Es blieb daher keine Zeit, um die notdürftig reparierte Heckflosse nach der Wahlfahrt einer eingehenden Reparatur zu unterziehen. Auch der Besatzung konnte trotz des viertägigen Dauereinsatzes auf dieser Fahrt keine Erholungspause gewährt werden.

So wurde das Schiff unmittelbar nach der Rückkehr von der Wahlfahrt wieder fahrtklar gemacht. Die Motoren wurden überprüft, Treibstoff- und Schmieröltanks aufgefüllt, mehrere tausend Liter Wasserballast an Bord gepumpt und Gas nachgefüllt. Die Stewards und Köche verstauten große Mengen an Lebensmitteln und Getränken in den Vorratsräumen im unteren Laufgang: Sechs Zentner Fleisch und Wurstwaren, zwei Zentner Butter, sechs Zentner frisches Gemüse, acht Zentner Kartoffeln, tausend Eier, fünfzig Pfund Kaffee, zwölf Pfund Tee, fünfundzwanzig Pfund Honig und hundertsechzig Pfund Weißmehl für die täglich frisch gebackenen Frühstücksbrötchen waren nach Angaben eines Journalisten für 91 Personen und vier Tage Fahrt an Bord. Dazu kamen noch 250 Flaschen Rot- und Weißwein und ebenso viele Flaschen Mineralwasser.

Am Vorabend der Abfahrt trafen die Fahrgäste in Friedrichshafen ein und bezogen Quartier im Kurgartenhotel. Genau wie die 54 Besatzungsmitglieder mussten auch sie sich am nächsten Morgen bereits um vier Uhr in der Luftschiffhalle in Löwental einfinden. Ein Omnibus holte sie im Kurgartenhotel ab und lieferte sie pünktlich in der Halle ab. Sie wurden am Fallreep von Obersteward Heinrich Kubis und einem Vertreter der DZR empfangen, die ihre Fahrscheine kontrollierten und ihre Papiere für die Einreise in Brasilien auf Voll-

Lebensmittel werden an Bord geladen.

Der Schriftsteller und Journalist Rolf Brandt vom „Berliner Lokal-Anzeiger" diktiert seine Reiseeindrücke.

Der Opel „Olympia“ im Frachtraum der „Hindenburg“.

ständigkeit durchsahen. Um 5.14 Uhr begann das Ausfahrmanöver und kurz darauf stieg die „Hindenburg“ zu ihrer ersten Transatlantikfahrt auf. Die Fahrtleitung teilten sich Kapitän Lehmann und Hugo Eckener, der sich den Triumph, nach so vielen Jahren unermüdlichen Einsatzes für den Passagierluftschiffverkehr endlich sein Traumluftschiff über den Atlantik fahren zu können, keinesfalls entgehen ließ.

An Bord war eine internationale Gesellschaft, die sich aus Amerikanern, Franzosen, Argentiniern, Engländern, Brasilianern, Schweizern und Deutschen zusammensetzte. Allein zwölf von den 37 Passagieren waren Journalisten, denen man in altbewährter Weise eine Mitfahrt ermöglicht hatte, damit sie durch ihre Berichterstattung Werbung für den Luftschiffdienst machten. Außerdem an Bord waren 61 Kilogramm Post und rund 1.200 Kilogramm Fracht, darunter ein Opel „Olympia“ Cabriolet. Der 500.000. Wagen des Automobilherstellers war für den brasilianischen Verkehrsminister bestimmt. Er wurde im Großfrachtraum in der Schiffsmitte verstaut und mit Seilen und Decken

Das Ehepaar Dieckmann genießt die Aussicht und den kühlenden Fahrtwind. Im Hintergrund ist Hugo Eckener im Gespräch mit einem weiteren Fahrgast zu erkennen.

gesichert. Aus dem spektakulären Automobiltransport – dem ersten Automobil, das auf dem Luftweg über den Atlantik gebracht wurde – zogen sowohl die Zeppelin-Reederei als auch die Firma Opel einen Werbenutzen und veröffentlichten entsprechend groß aufgemachte Zeitungsartikel.

Passagiere im Gesellschaftsraum der „Hindenburg" während der ersten Südamerikafahrt.

Die Fahrtroute verlief nicht auf dem sonst üblichen direkten Weg über Frankreich, das aufgrund der jüngsten politischen Ereignisse keine Überfahrtgenehmigung erteilt hatte. Die „Hindenburg" musste daher einen Umweg von rund 800 Kilometern über den Ärmelkanal in Kauf nehmen.

Im Golf von Biskaya herrschte nachts heftiger Sturm mit Windstärke zehn, wie Kapitän Lehmann seinen erstaunten Gästen am nächsten Morgen beim Frühstück berichtete. Diese hatten fast alle tief geschlafen und nichts von dem Sturm bemerkt. Der nächste Tag sah das Luftschiff schon weit über dem Atlantik und von nun an

Die „Hindenburg“ war für ihre hervorragende Küche bekannt.

wurde es immer wärmer. Wer nicht zu arbeiten hatte, wie die Journalisten, der gab sich dem beschaulichen Betrachten des Meeres, Gesprächen, dem Schachspiel oder der Lektüre eines Buches hin.

In der dritten Nacht überquerte das Luftschiff bei großer Hitze den Äquator und am nächsten Morgen erfolgte nachträglich die obligatorische Äquatortaufe, bei der jeder Fahrgast mit Wasser besprengt wurde und einen Taufschein erhielt, mit welchem ihm Äolus, der Gott des Windes, die Äquatorüberfahrt gestattete. Auf der mittäglichen Speisekarte standen an diesem Tag „Vorspeisen nach Äolus, Lendenschnitten Äquator, Liniengemüse, Monsun-Kartoffeln, Zeppelin-Auflauf und Passat-Mokka".

Am Morgen des 3. April erreichte das Luftschiff die brasilianische Küste. Über dem Landeplatz Recife, den der LZ 127 für Zwischenlandungen auf dem Weg nach Rio benötigte, wurde Post abgeworfen. LZ 129 konnte hingegen nonstop bis Rio de Janeiro fahren. Nach vier Tagen, vier Stunden und vierzig Minuten landete die „Hindenburg" in Santa Cruz bei Rio, wo sie in die neue Luftschiffhalle eingebracht wurde.

Die Rückfahrt, die zwei Tage später angetreten wurde, verlief weniger reibungslos. Ein Motorschaden drohte Schiff, Besatzung und Passagiere ernsthaft in Gefahr zu bringen. Schon auf der Fahrt nach Rio war einer der vier Motoren ausgefallen und konnte erst nach der Landung repariert werden. Auf der Rückfahrt arbeitete dieser Motor zwar befriedigend, aber man wagte es nicht, ihn voll zu belasten. Als das Luftschiff auf Höhe der Kapverdischen Inseln in einen außergewöhnlich starken Nordostpassat geriet, versagte ein zweiter Motor. Er hatte die gleiche Panne erlitten wie der erste: Bruch eines Verbindungsbolzens. Offenbar war das eine Schwachstelle bei den neuen Motoren und so musste man damit rechnen, dass weitere Maschinen ausfallen würden. Um dies zu verhindern, wurden die Motoren gedrosselt. Damit kam das Schiff aber nur langsam gegen den Gegenwind an. Sollte ein weiterer Motor ausfallen, so würde die Vorwärtsbewegung fast auf null sinken. Eckener und Lehmann erwogen verschiedene Möglichkeiten: umdrehen und mit dem Passatwind bis Recife zurückfahren, um dort die Motoren zu reparieren, oder entlang der afrikanischen Küste weiterfahren, um im Notfall landen zu können. Beides schien ihnen wenig verlockend und so versuchten sie eine dritte Möglichkeit. In fünfzehn- bis achtzehnhundert Metern Höhe gab es üblicherweise einen Gegenpassat, der in ganz seltenen Fällen auch schon in geringerer Höhe anzutreffen war. Auf diesen Glücksfall hofften sie nun, denn das Schiff war so schwer beladen, dass es maximal eine Höhe von zwölfhundert Metern erreichen konnte. Und wie so oft war das Glück den Zeppelinen treu. Schon in elfhundert Metern wehte der ersehnte Gegenpassat, der zunächst als Seitenwind, schließlich aber sogar als Schiebewind Entlastung für die beiden verbliebenen Motoren brachte, sodass sie bis Friedrichshafen durchhielten. Vor der großen Nordamerikafahrt vier Wochen später wurden die Motoren bei den Daimler-Werken gründlich geprüft und abgeändert und auf einer mehrstündigen Testfahrt eingehend erprobt.

In der Fahrsaison 1936 absolvierte die „Hindenburg" noch sechs weitere Südamerikafahrten, darunter eine außerfahrplanmäßige Fahrt, um südamerikanische Gäste rechtzeitig zu den Olympischen Spielen nach Berlin zu bringen. Ihre eigentliche Aufgabe sollte jedoch die Eröffnung eines regelmäßigen Luftschiffverkehrs nach Nordamerika sein. Diese Strecke war zum damaligen Zeitpunkt von Passagierflugzeugen trotz verbesserter Reichweiten immer noch nicht zuverlässig zu bewältigen und so rechnete sich Eckener gute Chancen für einen kommerziellen Liniendienst mit der „Hindenburg" aus. Zunächst wurden zehn Nordamerikafahrten auf das Fahrtprogramm für 1936 gesetzt. Als vorläufiger Landeplatz war der Marineluftschiffhafen in Lakehurst südlich von New York vorgesehen, wo schon der LZ 127 bei seinen wenigen Nordamerikafahrten gelandet war. Für dessen Benutzung benötigte man jedoch die Geneh-

◀ *LZ 129 „Hindenburg“ bei der Landung in Löwental.*

migung der amerikanischen Regierung. Diese lehnte Eckeners Ansuchen allerdings ab, da es sich um kommerzielle und nicht um Versuchsfahrten handelte. Es gelang Eckener erst kurz vor Fertigstellung der „Hindenburg“ im Februar 1936, eine Audienz bei Präsident Roosevelt zu erhalten und eine Sondergenehmigung für die vorgesehenen zehn Fahrten zu erwirken.

Die erste Passagierfahrt der „Hindenburg“ in die Vereinigten Staaten hatte man für den Abend des 6. Mai angesetzt. Auch bei dieser Fahrt ließ es sich Hugo Eckener nicht nehmen, gemeinsam mit Ernst Lehmann das Schiff zu führen. Mit 50 Passagieren war die Fahrt ausgebucht. Unter den Fahrgästen sah man einige versierte Zeppelinfahrer wie den australischen Polarforscher Sir Hubert Wilkins oder die Journalistin Lady Drummond-Hay mit ihrem Kollegen Carl von Wiegand, die für die amerikanische Hearst-Presse schrieben. Weiterhin zählten ein bekannter Krimischriftsteller, ein Reporter der National Broadcasting Company, die reiche Weltenbummlerin Clara Adams, Luftfahrtexperten wie Harold Dick, Scott Peck und Andreas Fischer von Poturzyn, Fabrikanten, Honoratioren und ein katholischer Priester zu der international zusammengesetzten Reisegesellschaft.

Werbeanzeige der DZR für Nordamerikafahrten.

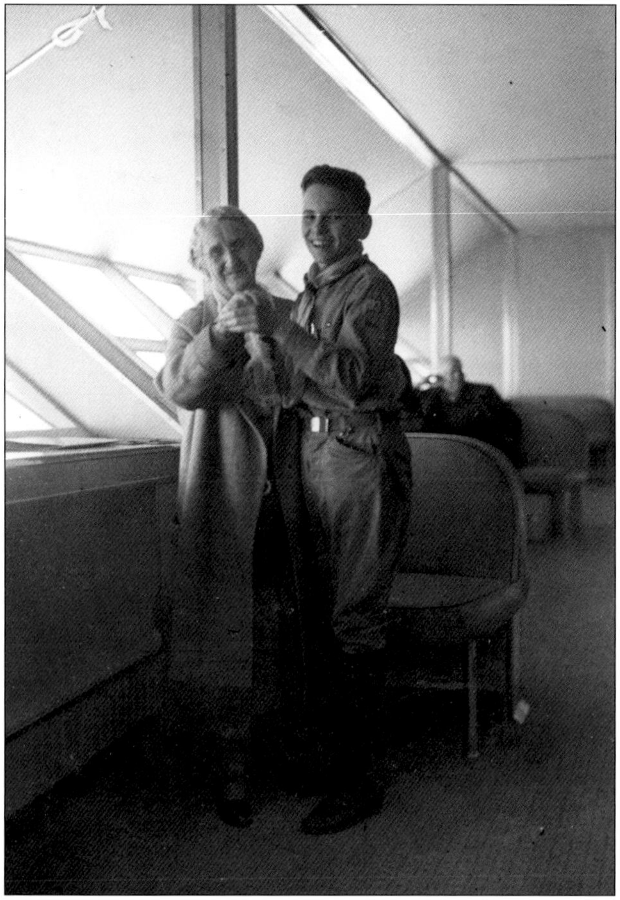

Ein amerikanischer Pfadfinder mit seiner 86-jährigen Großmutter im Gesellschaftsraum.

Der Dresdner Pianist Professor Franz Wagner am Blüthner-Flügel.

Erstmals an Bord war der berühmte Aluminiumflügel, den die Pianofabrik Blüthner aus Leipzig eigens für das Luftschiff „Hindenburg“ angefertigt hatte, und deren Direktor Rudolf Blüthner-Haeßler sich ebenfalls unter den Fahrgästen befand. Während der Fahrt weihte der Dresdner Pianist Professor Franz Wagner den Flügel mit einem Klavierkonzert ein, das über Rundfunk live von Bord des Luftschiffes übertragen wurde. Es war das erste Klavierkonzert an Bord eines Luftfahrzeugs.

Eine weitere Premiere sowohl in der Luftfahrt- als auch in der Kirchengeschichte fand am Morgen des 8. Mai im Gesellschaftsraum der „Hindenburg“ statt. Die Passagiere versammelten sich dort, um gemeinsam eine heilige Messe in der Luft zu feiern. Das feierliche Hochamt wurde von Pater Paul Schulte vom Orden der Oblati Mariae Immaculatae (OMI) zelebriert, der sich eigens für diese Messe eine päpstliche Genehmigung in Rom eingeholt hatte. Als Messdiener fungierte Max Jordan, der Vertreter

Pater Schulte bei der heiligen Messe auf der ersten Nordamerikafahrt des LZ 129 „Hindenburg".

der NBC. Pater Schulte, auch bekannt als „fliegender Pater", gründete 1927 die Missions-Verkehrs-Arbeitsgemeinschaft (MIVA), eine Organisation, die es sich zur Aufgabe machte, den Missionaren in entlegenen Dörfern Fahrzeuge und Funkgeräte zur Verfügung zu stellen, damit im Notfall eine rasche medizinische Hilfe gewährleistet werden konnte. Der Pater, der in den 1920er-Jahren eine Pilotenlizenz erworben hatte, flog in einem Flugzeug von Stadt zu Stadt, um für seine Idee zu werben und Geld zu sammeln. Erster MIVA-Vorsitzender war übrigens der spätere Bundeskanzler Konrad Adenauer.

Abgesehen von fliegenden Fischen, einigen Walen und ein oder zwei Eisbergen, deren Anblick die Passagiere in freudige Erregung versetzte, verlief die weitere Fahrt vergleichsweise ereignislos und man gab sich den üblichen Beschäftigungen auf einer Luftschiffreise hin: diskutieren, gutes Essen genießen, einen Drink an der Bar einnehmen, rauchen, lesen, Schach spielen, Postkarten schreiben oder einfach nur die Landschaft betrachten.

Die „Hindenburg“ ermöglichte entspanntes Reisen bei einer Tasse Tee und herrlichem Ausblick durch geöffnete Panoramafenster.

Fahrgäste vertreiben sich die Zeit mit Postkartenschreiben, Lesen und Schachspielen.

Umso eindrucksvoller war dagegen die Fahrt über New York in den frühen Morgenstunden des 9. Mai. Kurz nach fünf Uhr amerikanischer Zeit war das Luftschiff über der Millionenstadt. Trotz der frühen Stunde waren die Wolkenkratzer schon hell erleuchtet. Das Empire State Building, damals das höchste Gebäude der Welt, wuchs förmlich in den Himmel empor und schien das Luftschiff beinahe zu berühren. Vom Hudson her wurde die „Hindenburg" durch das Sirenengeheul hunderter von großen und kleinen Schiffen willkommen geheißen und die ersten Strahlen der Morgensonne beschienen die berühmte Freiheitsstatue. Nach einer Schleife über New York landete das Luftschiff gegen sechs Uhr morgens nach nur 62 Stunden auf dem Luftschiffhafen Lakehurst.

LZ 129 beim Einfahren in die neue Halle auf dem Frankfurter Flug- und Luftschiffhafen.

Ab Mitte Mai 1936 wurde der Fahrtbetrieb auf den neuen Flug- und Luftschiffhafen nach Frankfurt am Main verlegt, das nicht nur verkehrstechnisch günstiger gelegen war, sondern durch die geringere Meereshöhe auch eine höhere Nutzlast erlaubte. Das bedeutete auch für viele der Besatzungsmitglieder einen Umzug nach Frankfurt. Für sie wurde eine eigene Wohnsiedlung in der Nähe des Luftschiffhafens errichtet, die den Namen Zeppelinheim erhielt.

Insgesamt war das Jahr 1936 für die DZR, die erstmals mit zwei Luftschiffen sowohl den Süd- wie auch den Nordatlantik befuhr, sehr erfolgreich. „Graf Zeppelin" und „Hindenburg" fuhren zusammen 20 Mal nach Rio, LZ 129 zusätzlich noch zehn Mal nach Nordamerika. Im Südamerikadienst wurden 1.006 Passagiere befördert sowie 9.252 Kilogramm Post und 9.198 Kilogramm Fracht. Noch einmal 1.002 Passagiere beförderte die „Hindenburg" auf der Nordatlantikstrecke. Damit waren

Die Stewardess Emilie Imhof beim Einladen des Handgepäcks. Sie war die erste Stewardess an Bord eines Luftschiffes.

alle zehn Nordamerikafahrten ausgebucht, während die Südamerikafahrten der „Hindenburg" im Durchschnitt mit 30 Passagieren besetzt waren. Die Eigenwirtschaftlichkeit konnte gegenüber dem Vorjahr um zehn Prozent auf 57 Prozent gesteigert werden, dementsprechend sank die Reichsbeihilfe auf 43 Prozent.

Im Südamerikadienst benötigte die „Hindenburg" durchschnittlich rund 90 Stunden für die Hinfahrt und rund 100 Stunden für die Rückfahrt, im Nordamerika-

DEUTSCHE ZEPPELIN-REEDEREI
In 3 Tagen nach Südamerika!
FAHRPLAN und FAHRPREISE
für den Übersee-Dienst
DEUTSCHE ZEPPELIN-REEDEREI

DEUTSCHE ZEPPELIN-REEDEREI
In 2 Tagen nach Nordamerika!
FAHRPLAN und FAHRPREISE
für den Übersee-Dienst
DEUTSCHE ZEPPELIN-REEDEREI

dienst rund 65 Stunden für die Hinfahrt und rund 51 für die Rückfahrt. Damit war Südamerika also auf vier Tage und Nordamerika auf drei Tage an Europa herangerückt, was für Industrie und Handel einen enormen Vorteil bedeutete. Kein anderes Verkehrsmittel war zum damaligen Zeitpunkt in der Lage, diese Strecken in so kurzer Zeit bei gleichzeitig so hohem Komfort und ähnlich hohen Nutzlasten zurückzulegen. Die Nachfrage nach Passagen und das Aufkommen an Post und Fracht waren im Steigen begriffen und im darauffolgenden Jahr sollte mit LZ 130 noch ein weiteres Luftschiff in Dienst gestellt werden.

Da sich die Nordamerikafahrten großer Beliebtheit erfreuten, wurden auf dieser Strecke für die kommende Fahrperiode Saisonpreise eingeführt. Der Preis für Fahrten von Mai bis Juli und von Ende September bis Ende Oktober betrug in der Doppelkabine wie bisher 1.000 Reichsmark, die Einzelkabine kostete 1.700 Reichsmark. Für Fahrten im August und September wurde ein Saisonzuschlag verlangt, der sich auf 125 Reichsmark belief. Eine Fahrt in der Doppelkabine kostete demzufolge also 1.125 und in der Einzelkabine 1.875 Reichsmark. Auf der weniger frequentierten Südamerikastrecke unterblieb dieser Saisonzuschlag. Hier blieb der Fahrpreis für eine Einzelfahrt von Frankfurt nach Rio in der Doppelkabine durchgängig bei 1.500 und in der Einzelkabine bei 2.100 Reichsmark. Zur Steigerung der Attraktivität wurde sogar das Freigepäck von 20 auf 30 Kilogramm heraufgesetzt.

Da die Tragkraft der „Hindenburg“ aufgrund der letztlich erfolgten Wasserstofffüllung höher war, als für den ursprünglich geplanten Heliumbetrieb kalkuliert, wurden in der Winterpause 1936/37 zusätzliche Fahrgastkabinen auf dem B-Deck eingebaut, die Platz für weitere 22 Passagiere boten, sodass pro Fahrt Kabinenplätze für 72 Passagiere vorhanden waren. Damit wurden die Wirtschaftlichkeitsaussichten noch einmal deutlich erhöht.

Auch der Service an Bord wurde kritisch überprüft und nach Möglichkeit verbessert. Viele Fahrgäste, die sich eine Fahrt mit der „Hindenburg“ leisten konnten, buchten eine solche Fahrt um der Sensation willen, einmal mit einem Luftschiff gereist zu sein. Da diese Passagiere einen sehr hohen Reisestandard gewohnt waren und insbesondere das Nordatlantikpublikum als „sehr verwöhnt“ galt, war sich die DZR sehr wohl bewusst, dass sie deren Ansprüchen genügen musste, wenn sie dieses Publikum an sich binden wollte und ihr Linienverkehr erfolgreich sein sollte. Deshalb waren bei mehreren Fahrten DZR-Vertreter mit an Bord, die sich im laufenden Betrieb ein Bild vom Service machen sowie Vorschläge, Wünsche und Anregungen von Passagieren aufnehmen sollten. Die Beobachtungen und Anregungen wurden in mehrseitigen Erfahrungsberichten zusammengefasst, die interessante Einblicke in den Ablauf an Bord geben. So wurde etwa bemängelt, dass zu wenig auf die speziellen Gewohnheiten des amerikanischen Publikums eingegangen werde, dass zu wenige Unterhaltungsmöglichkeiten geboten seien, oder dass nur eine Dusche für 50 Passagiere nicht ausreichend sei. Die Speisekarten sollten in Deutsch und in Englisch gedruckt sein, für die amerikanischen Gäste sollte immer ein Krug mit Eiswasser bereitstehen und anstatt von Plumeaus, deren Handhabung für Ungeübte zum nächtlichen Kampf mit der Bettdecke werden konnte, empfahlen die DZR-Vertreter Bettlaken mit zwei oder drei Wolldecken, so wie es auch auf Hochseedampfern und in Hotels üblich war. Auch hinsichtlich der Hygiene gab es Kritik. Die Toilettenräume sollten mehrmals am Tag aufgewischt werden und statt eines Stoffhandtuchs,

◀ *Der Fahrplan für 1937 versprach eine Fahrtdauer von drei Tagen nach Südamerika und zwei Tagen nach Nordamerika.*

das wegen starker Benutzung immer nass war, wurden Papierhandtücher vorgeschlagen.

Konkrete Klagen scheint es über den Barsteward gegeben zu haben. Er „sollte im Verkehr mit den Gästen zuvorkommender sein, selbst weniger trinken und es vermeiden, sich mit den Passagieren allzusehr anzubiedern." Sehr gelobt wurde dagegen die Küche, die offenbar auch den verwöhntesten Ansprüchen gerecht wurde. Der Wunsch nach einer Stewardess speziell für die Betreuung von weiblichen Fahrgästen sowie das Vorhandensein eines Bordarztes wurde für die zweite Fahrsaison 1937 erfüllt. Bordarzt Dr. Rüdiger sollte außerdem Zahlmeisterdienste übernehmen und auf diese Weise den Obersteward entlasten.

Das gute Ergebnis der zehn Nordamerikafahrten des Jahres 1936 führte schließlich dazu, dass auch der frühere Plan einer deutsch-amerikanischen Kooperation für einen gemeinsamen Passagierluftschiffverkehr zwischen beiden Ländern wieder aufgenommen und im Dezember 1936 die American Zeppelin Transport Corporation (AZT) gegründet wurde. Sie sollte nach und nach vier Luftschiffe in Dienst stellen, je zwei deutsche und zwei amerikanische. Auf diese Weise war alle fünf Tage der Start eines Luftschiffs sowohl von Deutschland in die USA als auch in umgekehrter Richtung vorgesehen. Die amerikanische Gesellschaft sollte insbesondere die Sicherung der Einflugrechte in die USA und die Suche und Errichtung eines Luftschiffhafens in den USA organisieren, während die DZR bzw. die Zeppelinwerft Friedrichshafen die Luftschiffe liefern und die Ausbildung der Besatzung übernehmen sollte.

Emilie Imhof war für das Wohlergehen von weiblichen Fahrgästen und Kindern verantwortlich.

V.

DAS ENDE DER ZEPPELIN-LUFTSCHIFFFAHRT

Mit Beginn der neuen Fahrsaison 1937 blickte die DZR einer vielversprechenden Zukunft für einen kommerziellen Luftschiffverkehr entgegen. Auf dem Programm standen 18 Nordamerikafahrten und 15 Südamerikafahrten, welche mit Fertigstellung des neuen Luftschiffes LZ 130, die für den 27. Oktober 1937 angekündigt war, auf einen 14-tägigen Linienverkehr erhöht werden sollten. Außerdem war im Juli eine Sonderfahrt der „Hindenburg" bis Buenos Aires geplant. Die Verhandlungen zwischen der American Zeppelin Transport Cor-

Max Pruss (links) und Albert Sammt (rechts), die beiden verantwortlichen Luftschiffkapitäne der letzten Fahrt der „Hindenburg".

◀ *Die „Hindenburg" auf dem Luftschifflandeplatz in Lakehurst.*

Die „Hindenburg“ über einer amerikanischen Großstadt.

poration und der DZR über den Verkauf bzw. die Vercharterung von deutschen Luftschiffen an die AZT und die Ausbildung der dafür benötigten Besatzung waren im April 1937 unterschriftsreif. In Frankfurt war eine zweite Luftschiffhalle im Bau und es waren weitere Hallen geplant, die sich sternförmig um eine drehbare Halle gruppieren sollten, welche das Ein- und Aushallen bei jeder Windrichtung erlaubt hätte. Man projektierte den Bau eines größeren Verkehrsluftschiffes LZ 131, hatte hierfür die Werfthalle in Friedrichshafen verlängert und plante einen Ausbau des Liniennetzes nach Ostasien. Da setzte das Unglück von Lakehurst diesen vielversprechenden Plänen ein tragisches Ende.

Es war die 63. Fahrt der „Hindenburg“, als sie am 6. Mai 1937 bei der Landung in Lakehurst südlich von New York plötzlich in Brand geriet. Mehr als 330.000 Kilometer hatte das Luftschiff bis dahin zurückgelegt, 37 Mal den Ozean überquert und insgesamt mehr als 3.000 Passagiere transportiert. Das Kommando hatte Kapitän Max Pruss, erster Offizier war Kapitän Albert Sammt. Die Kapitäne Ernst Lehmann und Anton Wittemann waren als Beobachter mit an Bord.

Das Luftschiff, das nach zwei Südamerikafahrten im April am 3. Mai 1937 seine erste Nordamerikafahrt der neuen Fahrtsaison angetreten hatte, erreichte gegen 15 Uhr von New York kommend den Luftschiffhafen Lakehurst. Die Landung wurde jedoch wegen eines herannahenden Gewitters verschoben und das Luftschiff fuhr in südliche Richtung auf das Meer hinaus aus. Rund zwei Stunden später erhielt der Luftschiffkommandant die Nachricht aus Lakehurst, dass die Wetterbedingungen jetzt für eine Landung geeignet seien. Die „Hindenburg“ kehrte daraufhin um und erreichte gegen 18 Uhr den Landeplatz. Beim Anfahren auf den Ankermast drehte der Wind und das Schiff musste eine Kurve ziehen, um nahezu in der Gegenrichtung noch einmal anzufahren. Das insgesamt etwas zu leichte Schiff zeigte sich stark hecklastig und musste mehrmals Wasserballast im Heckbereich abgeben und drei Mal Gas in

Die brennende „Hindenburg" über dem Ankermast in Lakehurst, 6. Mai 1937.

Das Wrack der „Hindenburg". Das Dieselöl der Treibstofftanks brannte noch mehrere Stunden.

Der Luftschiffkapitän und Vorsitzende der DZR Ernst A. Lehmann.

den vorderen Zellen abblasen. Außerdem wurden zur Trimmung des Schiffes einige Besatzungsmitglieder in den Bug beordert. In 60 Metern Höhe kam das Schiff über der Haltemannschaft vor dem Mast zu stehen. Die Landetaue wurden abgeworfen und durch die Haltemannschaft mit den Ankermastseilen gekuppelt.

Wenige Minuten nach dem Abwerfen der Ankertaue ging plötzlich ein heftiger Ruck durch das Schiff und im Bereich der oberen Leitwerksflosse brach Feuer aus, das sich binnen Sekunden über das ganze Schiff ausbreitete. Schaulustige und Angehörige, die wie immer in großer Zahl gekommen waren, um die Landung des Luftschiffes zu sehen, wurden Zeugen des Unglücks. Aus rund 60 Metern Höhe stürzte das brennende Schiff ab. Aus der Führergondel, den Motorgondeln und den Passagierräumen sprangen Menschen ab, andere warteten, bis das Schiff auf dem Boden aufschlug, und bahnten sich ihren Weg durch glühende Träger und Drähte. Mutige Helfer ergriffen die Verletzten und brachten sie vor dem brennenden Wrack in Sicherheit. Nach 32 Sekunden war

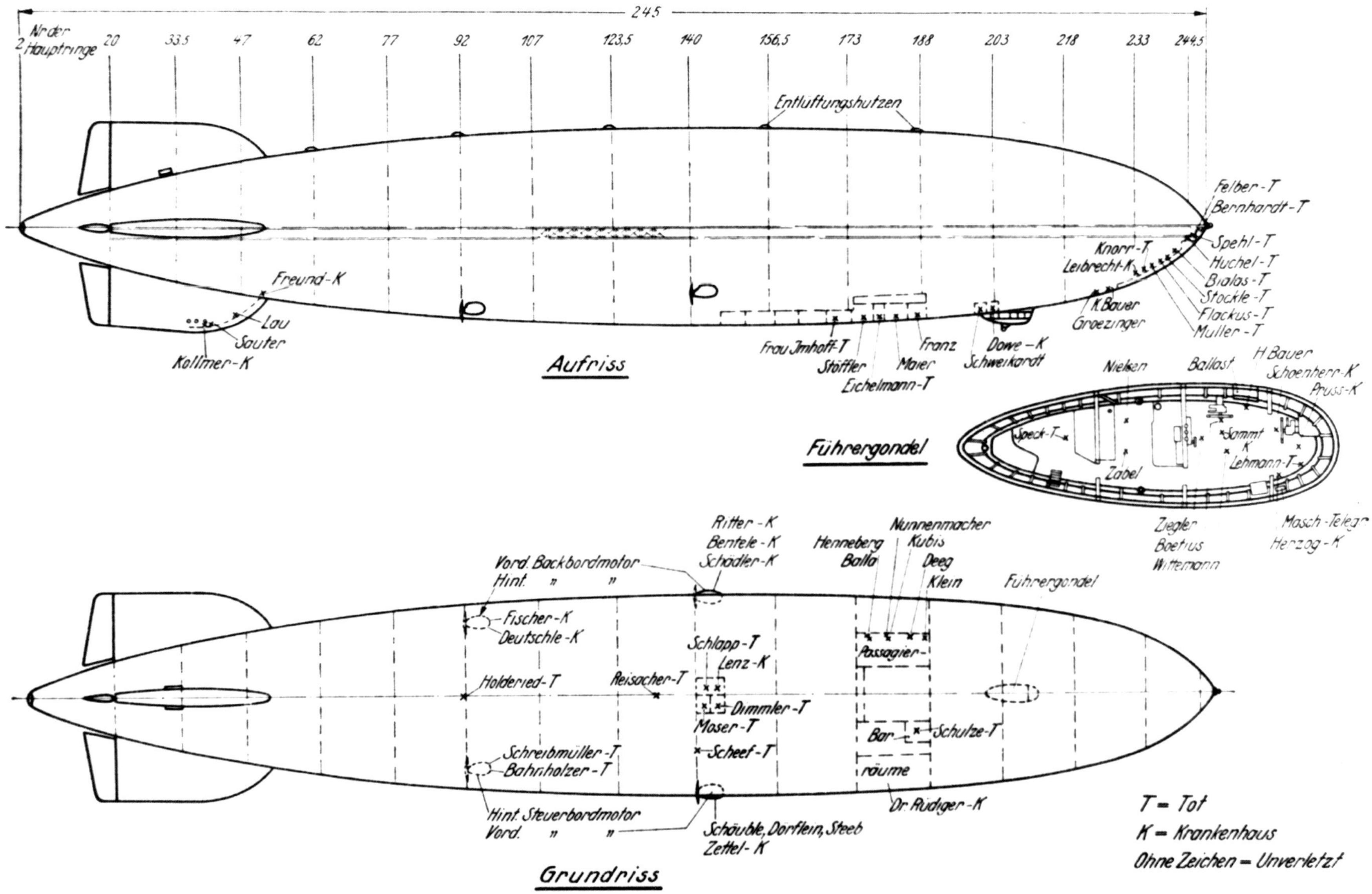

Verteilung der Besatzungsmitglieder zum Zeitpunkt des Unglücks.

das Luftschiff nur noch ein rauchender Trümmerhaufen. Von den 97 Menschen an Bord konnten sich 62 aus diesem Inferno retten, manche sogar nur leicht verletzt. 22 Besatzungsmitglieder und 13 Fahrgäste kamen in den Flammen um oder erlagen wenige Stunden später ihren schweren Verbrennungen, darunter auch Ernst A. Lehmann. Auch ein Mitglied der amerikanischen Haltemannschaft verlor bei der Rettungsaktion sein Leben. Die Mehrzahl der Opfer waren Besatzungsmitglieder, die sich zum Zeitpunkt der Landung im Inneren des Schiffes oder im Schiffsbug befunden hatten, oder Passagiere, die sich noch in ihren Kabinen aufgehalten hatten.

Über die Ursache des Unglücks wird bis heute immer wieder in einer Vielzahl von Büchern, Artikeln und Filmdokumentationen spekuliert. Die tatsächlichen Umstände wird man aber wohl niemals bis ins Detail aufklären können. Unmittelbar nach dem Brandunglück wurde eine deutsche Untersuchungskommission zusammengerufen, der auch Hugo Eckener und Ludwig Dürr, der Chefingenieur der Luftschiffwerft in Friedrichshafen, angehörten. Sie sollte in Zusammenarbeit mit einer amerikanischen Untersuchungskommission die Unglücksursache feststellen.

Der Untersuchungsbericht nimmt als wahrscheinlichste Ursache des Unglücks die Entzündung eines brennbaren Luft-Wasserstoff-Gemischs im oberen Heckbereich des Schiffes durch elektrostatische Entladung an. Unklar ist jedoch bis heute geblieben, wodurch dieses Gemisch entstanden ist. In ihrer Schlussfolgerung kam die Untersuchungskommission zum Ergebnis, dass die Brandursache in einer Verkettung von unglücklichen Umständen zu suchen sei und stellte folgende Möglichkeit als wahrscheinlichste Erklärung dar: Während der Landeanfahrt wurde Gaszelle vier oder fünf beschädigt, möglicherweise durch ein gerissenes Spannseil. Der hierdurch verursachte Gasverlust könnte der Grund für die Hecklastigkeit gewesen sein. Als weiteres Indiz hierfür wurde das Flattern der Außenhaut im Bereich des Hecks gedeutet, das von einem Augenzeugen beobachtet wurde und das durch ausströmendes Gas hervorgerufen worden sein könnte. Auf diese Weise konnte ein leichtentzündliches Wasserstoff-Sauerstoff-Gemisch (Knallgas) entstanden sein. Für die heute noch immer kursierende Version eines Sabotageaktes durch Zünden einer Zeitbombe konnten keinerlei Hinweise gefunden werden. Neuere Theorien, wonach ein leicht entflammbarer Hüllenanstrich für das Brandunglück verantwortlich gewesen sein soll, sind ebenfalls sehr umstritten und nicht zweifelsfrei zu belegen.

Der Schock über die Katastrophe aber hat sich bis heute als plötzliches Ende der Zeppelin-Luftschifffahrt ins kollektive Gedächtnis eingebrannt, und es ist dieses Ereignis, das die meisten Menschen mit der Geschichte der Zeppeline verbinden.

Dieses Unglück, bei dem erstmals in der Geschichte der deutschen Zeppeline Zivilisten ums Leben kamen, läutete nun auch für die weltweit letzte Nation, die noch Starrluftschiffe betrieb, das Ende der Passagierluftschifffahrt ein. An eine Fortsetzung des Passagierluftschiffverkehrs mit dem gefährlichen Wasserstoff war nun ein für alle Mal nicht mehr zu denken. In der Tat wurde die Passagierluftschifffahrt nach dieser Katastrophe auch sofort eingestellt. Das Luftschiff LZ 127 „Graf Zeppelin", das sich zum Zeitpunkt des Unglücks auf Südamerikafahrt befand, wurde unmittelbar nach seiner Rückkehr außer Dienst gestellt und lag noch einige Jahre in der Frankfurter Luftschiffhalle als Museumsschiff.

An eine vollständige Beendigung der Luftschifffahrt dachte man in Deutschland allerdings auch zu diesem Zeitpunkt noch nicht. Allerdings war klar, dass eine Fortsetzung des Passagierverkehrs nur noch mit Heliumschiffen möglich war. Eine Lieferung des unbrennbaren Heliums von den USA an Deutschland wäre damals prinzipiell möglich gewesen, da auch die USA nach dem Verlust der beiden Marineluftschiffe ZRS 4

Das Luftschiff LZ 130 „Graf Zeppelin“ hatte die gleichen Abmessungen wie die „Hindenburg“ und unterschied sich von diesem nur durch die Verwendung von Zug- statt Druckpropellern und durch eine veränderte Anordnung der Fahrgasträume.

1938 wurde auf dem Luftschiffhafen Frankfurt noch eine zweite Halle gebaut.

Wrackteile des letzten Zeppelin-Luftschiffes LZ 130 „Graf Zeppelin“.

„Akron“ und ZRS 5 „Macon“ ihr Starrluftschiffprogramm beendet hatten. In der Folge setzten wiederum Verhandlungen mit der amerikanischen Regierung über Heliumlieferungen ein. Die veränderte politische Lage in Deutschland verhinderte dies nun aber. Eine entsprechende Eingabe an den amerikanischen Kongress wurde abschlägig beschieden, und so füllte man auch das Luftschiff LZ 130, das am 14. September 1938 in Dienst gestellt wurde und wieder den Namen „Graf Zeppelin“ erhielt, ebenfalls wieder mit Wasserstoff. Dieses Luftschiff unternahm nur noch wenige Fahrten innerhalb Deutschlands, die im August 1939 aufgrund drohender Kriegsgefahr eingestellt werden mussten. Der Ausbruch des Zweiten Weltkrieges schließlich bedeutete das endgültige Aus für alle weiteren Luftschiffpläne, das mit dem Abwracken der Luftschiffe LZ 127 und LZ 130, dem Baustopp für den LZ 131 sowie dem Sprengen der beiden Frankfurter Luftschiffhallen im Frühjahr 1940 besiegelt wurde.

Damit endete eines der eindrucksvollsten Kapitel der Luftfahrtgeschichte, und auch wenn heute wieder neue Zeppeline in Friedrichshafen gebaut werden, mit denen man herrliche Rundfahrten über dem Bodensee und ins Allgäu unternehmen kann, wird die große Zeit der Passagierfahrten über den Atlantik wohl für immer der Vergangenheit angehören. Ungebrochen bleibt jedoch die Faszination, die diese Giganten der Lüfte auf die Menschen ausübten.

Sprengung der Luftschiffhallen in Frankfurt am 6. Mai 1940, dem dritten Jahrestag des „Hindenburg"-Unglücks.

LITERATUR

BAUER, MANFRED/DUGGAN, JOHN: *LZ 130 „Graf Zeppelin" und das Ende der Verkehrsluftschiffahrt.* Immenstaad/Builth Wells 1994.

BENTELE, EUGEN: *Ein Zeppelin-Maschinist erzählt. Meine Fahrten 1931–1938.* 2., überarb. Aufl., Friedrichshafen 1992.

BLEIBLER, JÜRGEN: *LZ 129 „Hindenburg". Entwicklungen und Bauverfahren im Starrluftschiffbau der 20er und 30er Jahre.* In: Zirkel, Zangen und Cellon. Arbeit am Luftschiff. Hrsg. vom Zeppelin Museum Friedrichshafen 1999, S. 55–79.

BOTTING, DOUGLAS: *Der große Zeppelin. Hugo Eckener und die Geschichte des Luftschiffs.* München 2002.

BRANDT, ROLF: *Mit Luftschiff „Hindenburg" über den Atlantik.* Berlin o.J.

BRAUN, GUSTAV A.: *Meine Reise nach Südamerika mit dem Luftschiff „Hindenburg" L.Z. 129 im Oktober 1936.* St. Georgen 1937.

BRAUN, HELMUT: *Aufstieg und Niedergang der Luftschifffahrt. Eine wirtschaftshistorische Analyse.* Weiden/Regensburg 2007.

BROOKS, PETER W.: *Zeppelin. Rigid Airships 1893–1940.* London 1992.

BRUER, CARL: *Erste Fahrt des Luftschiffs „Hindenburg" nach Nordamerika vom 6.–14.5.1936.* Hrsg. von den Greif-Werken. Goslar 1936.

Das Zeppelin-Luftschiff LZ 129 „Hindenburg". Sonderabdruck aus „Luftwissen", Bd. 3, Nr. 3, 1936.

DESSLER, A.J./OVERS, D.E./APPLEBY, W.H.: *The „Hindenburg" Fire: Hydrogen or Incendiary Paint?* In: Buoyant Flight, Vol. 52, No. 2 and 3, Jan/Feb., Mar/April 2005.

DICK, HAROLD G./ROBINSON, DOUGLAS H.: *The Golden Age of the Great Passenger Airships, „Graf Zeppelin" and „Hindenburg".* 2. Aufl., London 1987.

Die großen Zeppeline. Die Geschichte des Luftschiffbaus. Hrsg. von Peter Kleinheins und Wolfgang Meighörner. 3., bearb. u. erw. Aufl., Berlin 2005.

DUGGAN, JOHN/GRAUE, JIM: *Commercial Zeppelin Flights to South America.* Valleyford 1995.

DUGGAN, JOHN: *Olympia Fahrt 1936.* Ickenham 2000.

DUGGAN, JOHN/MEYER, HENRY CORD: *Airships in International Affairs.* London 2001.

DUGGAN, JOHN: *LZ 129 „Hindenburg". The Complete Story.* Ickenham 2002.

ECKENER, HUGO: *Im Zeppelin über Länder und Meere. Erlebnisse und Erinnerungen.* Flensburg 1949.

ERNST, ALFRED: *Mit dem „Hindenburg" nach Amerika.* Sonderdruck aus „Veedol-Kurier", Nr. 52, Juli 1936.

Flugkapitän Hans von Schiller. Zeppelin. Aufbruch ins 20. Jahrhundert. Hrsg. von Hans G. Knäusel. Bonn 1988.

FRANK, SASKIA: *Zeppelin-Ereignisse. Technikkatastrophen im medialen Prozess.* Marburg 2008.

Haaland, Dorothea u.a.: *Leichter als Luft – Ballone und Luftschiffe.* Bonn 1997 (Die deutsche Luftfahrt, Bd. 26).

Kapitän Hans von Schillers Zeppelinbuch. Hrsg. von Kurt Peter Karfeld. Leipzig 1938.

Kleinheins, Peter: *LZ 120 „Bodensee" und LZ 121 „Nordstern". Luftschiffe im Schatten des Versailler Vertrages.* Friedrichshafen 1994.

Knight, R.W.: *The „Hindenburg"-Accident. Department of Commerce, Bureau of Air Commerce, Safety and Planning Division,* Report No. 11, August 1938.

Kuhfuss-Wickenheiser, Swantje: *Maria May. Aktive Mitgestalterin der Wanddekorationen im Luftschiff LZ 129 „Hindenburg" und Protagonistin der Spritzdekortechnik im Deutschland der 20er und 30er Jahre.* In: Wissenschaftliches Jahrbuch 2005. Hrsg. vom Zeppelin Museum Friedrichshafen, S. 34–63.

Langsdorff, W. von: *LZ 129 „Hindenburg".* Frankfurt/M. 1936.

Lehmann, Ernst A.: *Auf Luftpatrouille und Weltfahrt. Erlebnisse eines Zeppelinführers in Krieg und Frieden.* Hrsg. von Leonhard Adelt. Leipzig 1938.

Luftschiff „Hindenburg" und die große Zeit der Zeppeline. Text von Rick Archbold. München 1994.

LZ 129 „Hindenburg". Zeppelin Weltfahrten, Bd. 3. Text von Rolf Brandt. Hrsg. von der Zigarettenfabrik Greiling. Dresden 1937.

Meighörner, Wolfgang: *LZ 128. Eine Sackgasse auf dem Weg vom Versuchsschiff zum Luxusliner der Lüfte.* In: Luftschiffe, die nie gebaut wurden. Hrsg. vom Zeppelin Museum Friedrichshafen 2002, S. 95–101.

Meyer, Henry Cord: *Airshipmen, Businessmen and Politics 1890–1940.* Smithsonian Institute Press 1991.

Ritscher, Gudrun: *Arbeiten auf einem Luftschiff: Die Besatzungen der Passagierluftschiffe LZ 127 „Graf Zeppelin" und LZ 129 „Hindenburg".* In: Wissenschaftliches Jahrbuch 2005. Hrsg. vom Zeppelin Museum Friedrichshafen, S. 79–99.

Robinson, Douglas H.: *LZ 129 „Hindenburg".* Dallas/Texas 1964.

Ders.: *Giants in the Sky. A History of the Rigid Airship.* Henley-on-Thames/Oxfordshire 1973.

Sammt, Albert: *Mein Leben für den Zeppelin.* Mit einem Beitrag von Ernst Breuning, bearbeitet und ergänzt von Wolfgang von Zeppelin und Peter Kleinheins. Wahlwies 1980.

Schulte, Paul: *Das Wagnis des Fliegenden Paters.* Paderborn o.J.

Tittel, Lutz: *LZ 129 „Hindenburg".* 3., überarb. Aufl., Friedrichshafen 1992 (Schriften zur Geschichte der Zeppelin-Luftschiffahrt, Nr. 5).

Waibel, Barbara/Kissel, Renate: *Zu Gast im Zeppelin. Reisen und Speisen im Luftschiff „Graf Zeppelin".* Weingarten 1998.

Waibel, Barbara: *Der Zeppelin-Konzern in der Prägung von Hugo Eckener, 1929 bis 1940.* In: Zeppelin 1908 bis 2008. Stiftung und Unternehmen. Hrsg. von der Stadt Friedrichshafen. München 2008, S. 129–169.

Werkzeitschrift der Zeppelin-Betriebe, 2. Jg., H. 6 vom 1. Juni 1937, Sonderheft „Zum Gedenken an LZ. „Hindenburg".

Zeising, Jeanine: *„Reich und Volk für Zeppelin!"* Die journalistische Vermarktung einer technologischen Entwicklung. In: Wissenschaftliches Jahrbuch 1998. Hrsg. vom Zeppelin Museum Friedrichshafen, S. 67–227.

QUELLEN

Dokumente aus dem Archiv der Luftschiffbau Zeppelin GmbH, Friedrichshafen:
Fahrtberichte des Luftschiffes LZ 129 „Hindenburg", 4.3.1936–7.5.1937 (LZA 16/241–245)
L.Z. „Hindenburg" und Blüthner-Flügel. Bilder von der ersten Nordatlantik-Fahrt vom 6.–14. Mai 1936 (F 92/84)
LZ 129 „Hindenburg" Schiffsbeschreibung, 13.7.1936 (LZA 16/247)
Bericht über die Reise nach New York vom 5.8.–9.8.1936 von H.M. Wronsky, 25.8.1936 (LZA 17/197)
Erfahrungsbericht von Wilhelm von Meister vom 10.1.1937 (LZA 17/196)
DZR: Statistische Angaben zum Luftschiffverkehr, Gesamtübersicht 1935–1937 (LZA 5/25)
Handbuch für den Zeppelin-Verkehr, o.J. (Sammlung Freundeskreis, Nachlass Hengstenberg, ohne Inv.-Nr.)
Dienstvorschriften für die Luftschiffbesatzungen, o.J. (LZA 5/23)

BILDNACHWEIS

Sämtliche Abbildungsvorlagen stammen aus den Sammlungen des Archivs der Luftschiffbau Zeppelin GmbH Friedrichshafen. Die Fotografien wurden überwiegend von der Grafischen Abteilung der Luftschiffbau Zeppelin GmbH hergestellt, ausgenommen die folgenden Abbildungen:
Seite 28: Lotte Eckner
Seite 69 u. 88: Paul Wolf
Seite 102: Hannes M. Flach
Seite 116: Angelika von Braun